＊書中酒類可換成無酒精酒類或選擇不加

貝雷尼絲・勒孔特
BÉRÉNICE LECONTE

純素糕點

·······································

PÂTISSERIE VEGAN

攝影：LAURA VEGANPOWER

La Vie

目錄

符號說明：

 準備時間　　 靜置時間　　🔲 烘焙時間　　🗄 保存時間

前言

....·····

本書匯集了八十多道食譜，包含來自貝雷尼絲‧勒孔特的個人作品，以及其他受「蔬食」主廚啟發的配方。

貝雷尼絲畢業自 UniLaSalle 綜合理工學院的飲食與健康工程學系，專攻「預防、飲食與健康益處」，旨在研究飲食的營養、健康和感官品質對消費者健康的影響。她在二十三歲時被診斷出患有乳糖不耐症，因而自發性地決定進入餐飲行業，並在巴黎 EBP 麵包糕點學院中取得了糕點的 CAP 證書。

她致力於製作兼顧美學與美味的素食糕點，目的是讓不論是出於健康或理念原則而採用任何飲食法的人都能享用糕點。

本書的設計是為了讓所有人，包括新手和業餘的愛好者，都能成功地製作出書中介紹的糕點、夾心旦糕、維也納麵包和其他甜點，並按步驟說明所有基本的動作，讓讀者可循序漸進地成功製作糕點。

這些食譜已按塔派、「乳製」甜點、旦糕等種類分類，非常實用。並在專門部分解說基礎的準備工作、必備技術，以及法式糕點基礎。

最後，如果你想探索和品嚐這位甜點主廚的作品，可造訪她的 VG Pâtisserie 甜點店，位於巴黎第 11 區伏爾泰大道 123 號（123 boulevard Voltaire dans le 11e arrondissement de Paris）。

開始前的準備
AVANT DE COMMENCER

糕點用具
LES USTENSILES DE PÂTISSERIE

小型器材

食物調理機 ROBOT PÂTISSIER

所有專業甜點師和甜點愛好者都不可或缺的工具，這項輔助器材有助節省大量時間。安裝在基座上，由一個碗和許多配件所組成，可應付各種烘焙上的挑戰：打發、揉麵、乳化、攪打等等。

打蛋器 FOUET

打蛋器用來在各種備料中混入空氣，讓備料變得蓬鬆輕盈，是製作如卡士達乃油醬或打發乃油醬等霜醬的必備工具。有各種不同大小和種類的打蛋器，每種都有各自的特性：平面打蛋器（fouet plat）、球形打蛋器（fouet ballon）、螺旋打蛋器（fouet à spirale）、矽膠或不鏽鋼打蛋器等。

刮刀 SPATULE

木製或塑膠材質的刮刀，可用來攪拌食材。另外也有具塑膠握柄的金屬刮刀，不鋒利的不鏽鋼軟刀身可為扁平或曲型。金屬刮刀的長度可達 10 至 30 公分，可用來抹平巧克力和霜醬而不會損壞食材，也可用來為夾心旦糕鋪上鏡面。

橡皮刮刀 MARYSE

橡皮刮刀可用來將容器底部刮乾淨，並在許多配方中用來抹平和輕輕攪拌巧克力慕斯或卡士達鮮乃油醬。

網篩 TAMIS

網篩用來去除霜醬中的結塊，以及如麵粉或糖粉等粉末中可能存有的雜質。不鏽鋼或木製材質，依用途而定，有各種不同的網篩：麵粉篩、網孔或粗或細的撒粉器。

桿麵棍 ROULEAU À PÂTISSERIE

桿麵棍可用來將塔皮擀平或擀開，例如：油酥塔皮（brisée）、千層派皮（feuilletée）、甜酥塔皮（sucrée）、杏仁塔皮等。通常為木頭材質，但也有其他材質：塑膠、不鏽鋼或矽膠。為避免桿麵棍黏住塔皮並使塔皮變形，使用前應撒上麵粉。

烘焙刷 PINCEAU ALIMENTAIRE

傳統上以豬鬃製成，但現在也有矽膠材質。烘焙刷用來為模具上油、為塔皮刷上蛋液、為蘋果修頌（chaussons aux pommes）或瑞士布里歐（brioches suisses）的邊緣黏合。使用上很簡單，只要不要沾取過多的液體，便可形成乾淨俐落的成品。

壓模 EMPORTE-PIÈCE

壓模可整齊切割出各種形狀的塔皮，為塔皮賦予特殊的形狀。有各種形狀的壓模，從最簡單的（圓形、星形、方形等）到最獨特的（雪花、杉樹、心形等）都有。

法式塔圈 CERCLE À TARTE

法式塔圈是無底的不鏽鋼圈，搭配捲邊可形成規則的圓形塔皮，可直接用於烤盤或烤墊上。我們可找到高 1.6 至 2.7 公分和各種直徑大小的法式塔圈。

慕斯圈和方形塔圈 CERCLE ET CADRE À ENTREMETS

慕斯圈和方形塔圈是無底模具，以不鏽鋼材質最為常見。由專業人士使用，可完美組裝夾心旦糕，且有利快速簡單地脫模。可找到不同大小和高度的慕斯圈和方形塔圈，直徑從 10 至 34 公分不等。

測量儀器

料理秤 BALANCE

廚房裡有三種秤：機械、電子和自動秤。在糕點製作中，秤必須能夠測量小於 5 克的數量，尤其是洋菜的精準份量。

烹飪溫度計 THERMOMÈTRE DE CUISSON

不可或缺的用具，可在烹煮過程中或冷卻後測量備料的溫度。在糕點中用於焦糖或水果軟糖的製作。

擠花袋和花嘴

擠花袋是一種圓錐形袋子，裝有稱為「花嘴」的接頭。有兩個開口，寬大的一端用來填入霜醬，窄小的一端用來連接花嘴。擠花袋用來填入餡料，或是為成品進行裝飾。有不同的材質：塑膠、矽膠等。有一次性使用或可重複使用的擠花袋。

花嘴有各種不同的款式：傳統的（齒形、圓口、聖多諾黑花嘴）和較為獨特的（星形、花形等）。可依想要的裝飾來選擇花嘴。

烘焙用紙

矽化烤盤紙 PAPIER SILICONÉ

經常用於糕點的製作中，可重複使用，用來覆蓋烤盤，以免麵團沾黏。依款式而定，可承受 – 40 至 300℃的溫度。

硫化烤盤紙 PAPIER SULFURISÉ

硫化烤盤紙是一種薄紙，薄薄的矽膠塗層提供防水功能。一次性使用，可用來鋪在模具內，讓備料在烘烤期間不會沾黏模具。

玻璃紙 RHODOÏD

玻璃紙的外觀像是膠帶狀的塑膠紙片，可用來鋪在法式塔圈或方形慕斯圈中，以利快速脫模，也可用來製作巧克力。玻璃紙有不同的款式，最常以紙卷方式販售。

原料
LES MATIÈRES PREMIÈRES

糖、麵粉、蛋和乳製品為各種法式糕點的基礎，問題在於要用什麼來取代動物性產品。即使在某些配方中，我們可不使用部分的食品，但還是有必要了解它們的作用，以便找到適當的替代品。

麵粉

在本書中，麵粉主要指的是小麥麵粉。依精製程度而定而有不同種類的麵粉，並依麩皮（小麥殼）率而分為 T45 至 T180 等分類。「T」對應的是灰分率，即磨粉後存於麵粉裡的礦物質殘留量。在測量灰分率時，會將 100 克的麵粉以 900℃的溫度加熱 2 小時，接著將麩皮的剩餘灰燼秤重。因此，如果燃燒後剩餘 0.45 克，則麵粉將分級為 T45，依此類推。

T 後面的數字越小，礦物質和維生素的含量就越少。相反地，數字越高，麵粉所含的小麥殼就越多，富含維生素 E 和 B，最高甚至包括混入所有小麥殼的麵粉，即所謂的「全麥麵粉」。請注意，植物澱粉（fécules）為極其精製的麵粉，僅含有來自穀物的穀物澱粉和複合碳水化合物。

沒有哪一種麵粉比較好，請依想要的用途挑選。在糕點製作中，大多會使用T45（低筋）和 T55（中筋），甚至是 T65（高筋）麵粉。

T45 麵粉是最精製的麵粉，幾乎沒有營養價值，最常出現在大賣場，因精製程度而含有最豐富的麩質。如要製作具彈性的麵團、發酵麵團和精緻的旦糕，例如費南雪（financier）或瑪德蓮旦糕（madeleine），會優先使用這種麵粉。

每 100 克含有：345 大卡的熱量 • 碳水化合物：72 克 • 脂質：0.8 克 • 蛋白質：10 克

「硬質」（de force）T45 麵粉，或者說低筋麵粉，比標準的小麥麵粉含有更豐富的蛋白質（麩質）。這也使 T45 麵粉具有較強的發酵力，很適合用來製作維也納麵包（viennoiserie）、布里歐麵團，或是泡芙餅皮。

每 100 克含有：342 大卡的熱量•碳水化合物：72 克•脂質：1.1 克•蛋白質：11.5 克

T55（中筋）麵粉因所含的穀物澱粉作用和水化能力，可用於各種用途。這種所謂較缺乏筋性的麵粉，可形成彈性較差的麵團，較不會在烘烤時收縮。用來製作塔皮麵團、千層派皮、油酥塔皮、甜酥塔皮或餅乾麵團。這種麵粉也能和 T45 麵粉以等比例混合，用來製作維也納麵包。

每 100 克含有：348 大卡的熱量•碳水化合物：72 克•脂質：1.15 克•蛋白質：10.4 克

T65 麵粉又稱「灰褐色麵粉」（bise），主要用來製作麵包，也可用於千層派皮、製作旦糕，或是混合 T55 麵粉來製作維也納麵包。

每 100 克含有：345 大卡的熱量•碳水化合物：68.7 克•脂質：0.85 克•蛋白質：12.6 克

T80、T110 和 T180 麵粉可用來製作黑麵包、全麥麵包和特製麵包。

糖
. . . .

糖（或蔗糖）是糕點不可或缺的素材。不論是來自甘蔗還是甜菜的糖，始終都具有相同的營養價值（100 克 = 400 大卡）和甜度。整體而言，這些糖的萃取過程都相同。在製糖廠中，甜菜或甘蔗的甜汁會先經過過濾，接著蒸發濃縮後再形成結晶。天然的甜菜糖是白色，而蔗糖是棕色。在這本食譜中使用的糖主要都來自蔗糖，不論是紅糖還是未精煉的金砂糖。

每 100 克含有：400 大卡的熱量•碳水化合物：100 克•脂質：0 克•蛋白質：0 克

糕點製作中常見的糖

紅糖是一種略帶蘭姆酒和焦糖味的糖，為糕點賦予特殊的氣味。購買時，請務必詳閱包裝說明，應含有「100 % 純蔗糖」的文字。

金砂糖，不論精煉與否，都具有中性的味道和細緻的質地，很適合用來製作糕點。

全蔗糖（sucre de canne complet），也稱為原蔗糖（rapadura），以未精製且未結晶的純甘蔗汁製成。這是富含礦物質和氨基酸的一種糖，具有焦糖和甘草味。

冰糖（sucre cristal），或稱為傳統的糖，來自糖漿的結晶。糖的顆粒相當大，適合長時間烹煮，例如果醬、水果軟糖等。

砂糖（sucre en poudre） 或細砂糖是經過冰糖研磨而來，質地細緻，即使不加熱也能在備料中快速溶解。

糖粉（sucre glace） 是從白色的甜菜糖研磨形成，並添加 3% 的玉米澱粉或小麥澱粉，用於糕點的裝飾。

珍珠糖（sucre en grains） 是從糖塊粉碎而得，可為珍珠糖泡芙、布里歐、香料麵包等帶來裝飾感。

何謂精製糖？

糖的精製是一種將糖重新熔解並去除色素的化學工業程序，這是用來讓蔗糖呈現白色的程序。在法國，食用白糖有 95% 來自甜菜糖，白蔗糖則佔市售糖的 5%，因不含礦物質而不具任何營養價值。

蛋的替代品

蛋是糕點中的重要素材，扮演著五大關鍵角色。

- **著色劑**：蛋黃可為混合的食材（蛋液、檸檬乃油醬等）賦予美麗的黃色。

- **黏著劑**，透過蛋黃中存有的蛋白質，凝固時可提供硬度和穩定性。

- **質地劑**，透過凝固：蛋白在 65℃ 凝固；混有其他食材的蛋白在 90℃ 凝固。蛋黃在 70℃ 凝固；以液體稀釋的蛋黃會在約 80 至 85℃ 凝固。透過乳化：由於蛋黃的脂質中存有卵磷脂，可混合兩種不相容的液體，例如油和水。

- **填充劑**，多虧蛋白中含有的蛋白質：白蛋白（albumine），可透過用力打發的動作來捕捉氣泡。

- **膨鬆劑**：蛋白具有保留空氣的能力，會在烘烤時膨脹，並增加成品（蛋白霜、舒芙蕾等）的體積。

因此，在取代配方中的蛋之前，熟知蛋在配方中確切發揮的作用非常重要。

市面上有一些可用來取代蛋的產品，最常見的是可溶於水的粉末形式。這些替代品大多由植物澱粉、穀物澱粉、泡打粉、增稠劑，甚至是乳化劑所構成。如果你是第一次將配方「素食化」，這些會是很好的方法。缺點：這些替代品相當昂貴，所幸還有許多食材可用來輕鬆取代蛋。

1. 染色劑

薑黃

薑黃又稱「印度番紅花」，是一種香料，可用於加工食品的染色。

因健康效益而著稱，這種香料中所含的薑黃素具有強大的抗氧化效果。部分研究顯示，薑黃素對於某些疾病（如心血管疾病或阿茲海默症）引發的氧化壓力[1]展現出防護效果，也具有抗發炎的特性，可用來預防某些癌症和改善腸胃功能障礙。

用途：取代蛋黃，薑黃可用來為霜醬（檸檬乃油醬、卡士達乃油醬等）染色。依用量的不同，可形成從淡黃色至鮮黃色的色彩。

用量：1 公升的乳品加 1/4 小匙的薑黃。

植物奶

不論是豆漿、杏仁奶、米漿、小米漿等，植物奶可搭配金黃蔗糖或紅糖來為維也納麵包（布里歐、可頌、巧克力麵包、蘋果修頌等）染色，接著再進行烘烤，出爐時就會形成美麗而耀眼的金黃色。

用量：將植物奶與蔗糖以等比例混合。

2. 黏著劑

植物澱粉

「植物澱粉」一詞指的是只由穀物澱粉組成的原料。從植物的根或塊莖中萃取，呈白色粉末狀。與水結合的植物澱粉具有膠凝特性，可用來為備料增稠。植物澱粉包括葛粉、馬鈴薯澱粉、木薯澱粉等。除了在配方中發揮黏著劑的作用，植物澱粉也讓麵團變得較為清爽。

用途：取代蛋，做為霜醬（穆斯林乃油醬、卡士達乃油醬等）或麵團的黏著劑。

用量：在乾料（糖、杏仁粉、麵粉等）中混入 2 小匙的植物澱粉，或是在濕料（乳品、油、果漬 compote 等）中加入 10 克的植物澱粉。

---

[1] 體內自由基過多與抗氧化物不足所造成的失衡狀態。

亞麻仁籽

亞麻仁籽是 Omega 3 脂肪酸的來源，具有許多健康效益：降低膽固醇、調節腸道功能、預防乳腺癌、增加飽足感等。亞麻帶有淡淡的榛果味，可為成品增添美妙的香氣。

用法：可磨成粉並混入熱水中。亞麻籽是帶有黏液的種子，在接觸到水時會膨脹，並呈現出令人聯想到蛋白的黏性質地。亞麻仁籽粉可為麵團（瑪芬、塔派等）提供黏著效果。

用量：混合 15 克的亞麻仁籽粉和 45 毫升的熱水。

奇亞籽

奇亞是一種原產於墨西哥的鼠尾草。奇亞籽也是 omega-3 的植物來源，呈現略深的棕色，富含膳食纖維，因預防心血管疾病的功效而著稱。奇亞籽比亞麻仁籽更稀有且昂貴許多。

用法：奇亞籽的味道中性且討人喜歡，可整顆混入水中使用。如同亞麻仁籽，奇亞籽碰到含水的液體會膨脹，可為所有麵團（軟心旦糕、瑪芬、水果旦糕等麵團）提供黏著效果。

用量：混合 10 克的奇亞籽和 30 毫升的水。

洋菜

洋菜（E406）是一種原產自日本的紅藻，是一種無味的天然凝膠劑，可用於甜味和鹹味的備料中。這種藻類可用來取代果膠和吉利丁（2 克的洋菜 = 6 克凝結力值 200 的吉利丁）。

用法：粉末形式的洋菜應以液體（水、乳品、果泥等）煮沸 2 分鐘。可為布丁、布丁派、果凝等提供結實度。

用量：2 克的洋菜搭配 500 毫升的液態備料。

關華豆膠（GUAR）和三仙膠（XANTHANE）

這些食品添加劑非常實用，可提供額外的黏著效果，可單獨使用，或是一起使用來加強效果。

關華豆膠（E412） 是從豆科植物（瓜爾，Cyamopsis tetragonoloba）的種子中取得，以粉狀形式呈現，是穩定劑、乳化劑和增稠劑。

用途：關華豆膠可改善製品質地，使麵團柔軟、蓬鬆，而且有助於發酵。

用量：200 克的麵粉使用 1 小匙的關華豆膠。

黃原膠 (E415) 又名三仙膠，是由天然存在於環境中的野油菜黃單胞菌（Xanthomonas campestris）發酵葡萄糖所產生的，是比關華豆膠更細的粉末。

用途：三仙膠具有很強的黏著、增稠和凝膠能力，也是一種防腐劑。

用量：200 克的麵粉使用 1 小匙的三仙膠。

3. 質地劑

用於果漬或果泥的水果

果泥是極佳的蛋替代品，可讓麵團（大理石旦糕、瑪德蓮旦糕等）變得柔軟濕潤。我會使用兩種水果。

蘋果：不添加糖的果漬形式，或是自己在家以少許檸檬汁慢燉蘋果製成。

用量：30 克的果漬可用來取代 1 顆蛋。

香蕉：壓碎的形式，可為你的製品帶來濃郁的香蕉味。

用量：1/2 根香蕉可用來取代 1 顆蛋。

大豆製品

大豆被列入重大的食物過敏原之一，不適合不耐受或過敏的人食用。大豆富含蛋白質，膽固醇含量低。這種豆類植物可完美地取代蛋，市面上可找到各種不同形式的豆製品：嫩豆腐、硬豆腐或優格。

豆腐：來自豆漿凝結。以塊狀販售的豆腐富含鐵質和鈣質，市面上可找到各種不同形式的豆腐：嫩豆腐和硬豆腐。嫩豆腐較硬豆腐更濕潤，可用來取代麵團（巧克力翻糖、鬆餅等）和霜醬（巧克力慕斯、香草布丁等）中的蛋。硬豆腐則是麵團（水果旦糕、優格旦糕等）、起司旦糕麵糊的絕佳替代品，而且可出色地取代馬斯卡彭乳酪（mascarpone）。

取代 1 顆蛋的用量：50 克的嫩豆腐／50 克的硬豆腐。

大豆優格：不論是原味還是稍微經過調味，大豆優格都可為麵團（費南雪、瑪芬、布里歐、可頌等）提供水分和柔軟度。

取代 1 顆蛋的用量：40 克的大豆優格。

油料作物果泥

油料作物是為了其富含油脂和纖維的種子或果實而種植的植物。油料作物果泥（白杏仁或整顆杏仁、腰果、花生等）富含鐵、鈣、鎂和微量元素，對健康有益。

用途：可取代蛋，為麵團（塔派、杏仁軟心旦糕等）提供柔軟度。

用量：1/2 小匙。

4. 填充劑

鷹嘴豆汁

烹煮鷹嘴豆所形成的水，又稱為「鷹嘴豆水」（aquafaba），是含有白蛋白的真正蛋白質來源。白蛋白也存於蛋白當中，而且白蛋白是一種填充劑。事實上，在用力攪打的作用下，空氣混入鷹嘴豆汁內含的蛋白質分子中，導致蛋白質分子伸展，形成可捕捉氣泡的彈性網，鷹嘴豆汁的體積可膨脹至 8 倍。

用途：用來取代蛋白。鷹嘴豆汁比蛋白含有更多的水分，因此必須以小火濃縮 15 分鐘，讓水分盡可能蒸發。可為舒芙蕾、蛋白霜等增大結構和體積。

用量：30 克濃縮的鷹嘴豆汁可用來取代 1 顆蛋白。酸性食材（塔塔粉、檸檬汁或蘋果醋）的添加有助讓慕斯更結實穩定。

5. 發酵劑

如同蛋白的作用，這些發酵劑可為糕點和海綿旦糕帶來蓬鬆感。

泡打粉

又稱發粉，是讓含水粉末產生化學反應的混合物。發酵作用會在烘烤期間進行，不會留下任何味道。

小蘇打粉

碳酸氫鈉或小蘇打粉會在混合麵團後立即反應，接著在烘烤的熱中完成反應，同時釋出二氧化碳，使製品發酵。小蘇打也會讓糕點變得更好消化。1 公斤的麵粉預計應使用 2 至 3 小匙的小蘇打粉。如果烘焙的材料中含有酸性物質（檸檬汁或醋），效果會更好。

摘要表

作用	相關的蛋部分	替代品	用量
染色劑	蛋黃	薑黃	1公升的乳品加1/4小匙
	蛋黃	植物奶	植物奶與蔗糖等比例
黏著劑	全蛋	植物澱粉	乾料加2小匙，或是濕料加10克
	全蛋	亞麻仁籽	15克的亞麻仁籽粉和45毫升的熱水
	全蛋	奇亞籽	10克的奇亞籽和30毫升的水
	全蛋	洋菜	50毫升的備料加2克
	全蛋	關華豆膠	200克的麵粉加1小匙
	全蛋	三仙膠	200克的麵粉加1小匙
質地劑	全蛋	水果	30克的果漬或1/2根壓碎香蕉
	全蛋	硬豆腐	50克
	全蛋	嫩豆腐	50克
	全蛋	植物優格	40克
	蛋黃	油料作物果泥	1/2小匙
填充劑	蛋白	鷹嘴豆汁	濃縮湯汁30克
發酵劑	全蛋	泡打粉	500克的麵粉加11克
	全蛋	小蘇打粉	1公斤的麵粉加2至3小匙

植物性飲品

· · · · · · · · · · · · ·

植物性飲品或植物奶不含膽固醇、乳糖、酪蛋白，富含維生素 A、B、C、E 以及礦物鹽（鉀、磷、鎂……），是牛乳或任何其他動物奶非常吸引人的替代品，但並非所有的植物奶都具有相同的特性，應學習如何依成分和味道來仔細挑選。應根據配方而定，優先選擇味道中性的植物奶，而非榛果或栗子奶，因為後者會為你的成品帶來更多的味道。在本書中的大部分配方並沒有說明使用的乳品種類，可由你自行選擇。就我個人而言，我主要會使用杏仁奶、豆漿、米漿、燕麥奶，不論是否添加鈣。

杏仁奶

以去皮杏仁和水為基底製成，這種乳品會為你的製品帶來淡淡的杏仁味。不同於富含鈣的杏仁，杏仁奶幾乎不含鈣，蛋白質含量低，脂肪含量接近半脫脂牛奶，但屬於不飽和脂肪酸，比主要存在於動物性成分中的飽和脂肪酸更有益於健康，碳水化合物含量則相當於牛奶。

每 100 毫升含有：28 大卡 • 碳水化合物：1.9 克 • 脂質：2 克 • 蛋白質：0.7 克

米漿

米漿是從米粒發酵、研磨，再煮熟而得。在這樣的發酵過程中，澱粉鏈遭到破壞，形成極易消化的米漿，非常適合消化道較弱的人。蛋白質含量不高。對大豆不耐受或患有苯酮尿症 [2] 的人來說是理想的乳品。米漿的脂肪含量接近半脫脂牛乳，所含的碳水化合物是牛乳的兩倍，因此熱量較高。這些碳水化合物大多為簡單型碳水化合物 [3]，因此，糖尿病患者應酌量食用。

每 100 毫升含有：51 大卡 • 碳水化合物：10.5 克 • 脂質：0.8 克 • 蛋白質：0.2 克

豆漿

豆漿是由大豆和水所製成，外觀近似牛乳，中性的味道非常適合添加在食材中。滑順且容易消化的大豆是蛋白質含量最高的植物，天生含有利於消化的纖維，所含熱量接近半脫脂牛乳，脂肪含量是半脫脂牛乳的兩倍以上，但是有益於心臟的不飽和脂肪酸。由於含有豐富的異黃酮，即荷爾蒙或植物雌激素的衍生物，不建議孕婦和兒童經常食用。

每 100 毫升含有：43 大卡 • 碳水化合物：1 克 • 脂質：2.5 克 • 蛋白質：4 克

---

[2] 苯酮尿症患者對苯丙胺酸的代謝異常，因此無法食用如大豆這類苯丙胺酸含量過多的飲食。
[3] 由單醣或雙醣組成，構造簡單，容易被人體分解吸收，因此血糖濃度升降迅速。

燕麥奶

燕麥奶是由燕麥、水和芥花油所製成，蛋白質含量低，脂肪含量同半脫脂牛乳，所含的碳水化合物較牛乳高。

每 100 毫升含有：40 大卡 • 碳水化合物：6 克 • 脂質：1.5 克 • 蛋白質：0.5 克

椰奶

勿與椰子水相混淆，椰奶是以椰子水和果肉製成的。這種植物奶富含鐵、鉀和磷，熱量不高，飽和脂肪酸和鹽含量低，是用來為配方調味的理想乳品。如果配方中提及的量不多，可用等量的椰奶來取代牛乳。如果量較多，只要混入其他味道中性的植物奶即可。

每 100 毫升含有：30 大卡 • 碳水化合物：3.5 克 • 脂質：2 克 • 蛋白質：0.1 克

栗子奶

栗子奶由栗子泥和水所組成，味道非常芳香，可完美搭配以巧克力為主的配方。這是一種低脂乳品，屬於鹼性，因此具有降低胃酸的作用。栗子奶富含碳水化合物和糖，建議可做為早餐來展開新的一天。但請注意，如果要用於糕點上，應減少配方中所添加的糖量。

每 100 毫升含有：72 大卡 • 碳水化合物：15 克 • 脂質：1 克 • 蛋白質：0.5 克

榛果奶

榛果奶主要是以未去皮的榛果和水製成的，熱量略高於牛乳，蛋白質含量低，脂質含量接近全脂牛乳。有最昂貴的植物奶稱號，榛果味可為你的糕點和乃油醬帶來細緻的香氣。

每 100 毫升含有：55 大卡 • 碳水化合物：6 克 • 脂質：3 克 • 蛋白質：0.5 克

斯佩耳特小麥奶　LE LAIT D'ÉPEAUTRE

這種乳品是以斯佩耳特小麥製成，這是一種古老的小麥品種。這種植物奶通常會加入角豆粉來增稠。斯佩耳特小麥奶的飽和脂肪酸含量低，容易消化，並具有抗氧化能力，味道淡。

每 100 毫升含有：56 大卡 • 碳水化合物：10 克 • 脂質：1.2 克 • 蛋白質：1 克

食用油脂
. . . .

椰子油

椰子油是由椰子乾燥的白蛋白所製成。這種油在常溫下為固態，富含飽和脂肪酸。過量食用會增加壞膽固醇的合成，增加得糖尿病和心血管疾病的風險。不含蛋白質、礦物質或維生素，因此沒有特別的營養價值。若不想影響糕點的風味，最好使用脫臭處理的椰子油。

每 100 毫升含有：862 大卡 • 碳水化合物：0 克 • 脂質：100 克 • 蛋白質：0 克

一般用油

油是一種在常溫下呈現液態的脂肪物質，通常通過壓榨油籽取得。以下是三種主要用油，富含必需脂肪酸和維生素。

每 100 毫升含有：900 大卡 • 碳水化合物：0 克 • 脂質：100 克 • 蛋白質：0 克

芥花油含有超過 2% 的 omega-3 和少量的 omega-6。這是一種味道中性的油，富含維生素 E，耐熱度不超過 120℃，因此不建議在糕點製作中使用。事實上，高溫會使它變質，喪失對健康的益處，並帶有輕微的苦味。

橄欖油也含有 omega-3 和 omega-6，帶有的橄欖味可為糕點賦予水果風味，和巧克力及榛果粉是完美搭配。初榨橄欖油可加熱至 180℃，非初榨橄欖油則可加熱至 210℃。

葵花油的維生素 E 含量最高，味道中性，是法國最常食用的油，也含有omega-3 和 6，可耐受 200℃以上的溫度。

人造奶油 LA MARGARINE

人造奶油是一種以植物油和水製成的油脂。人造奶油有兩種：以非氫化植物油製成的人造奶油，以及以氫化植物油和 / 或含有動物脂肪的人造奶油。我們應該特別留意產品的成分，因為即使稱為「人造奶油」，大多數產品還是含有酪乳[4]或奶油。100% 植物人造奶油富含 omega-3 和 6，並含有維生素 A，特別有益於視力、皮膚和骨骼的健康。

每 100 毫升含有：717 大卡 • 碳水化合物：0 克 • 脂質：81 克 • 蛋白質：不到 0.5 克

---

[4] babeurre，又稱白脫鮮乳，是牛乳製成奶油後剩餘的液體，帶有酸味，比牛乳略濃，熱量少，脂肪含量低，經常用於烘焙中。

基礎麵團
LES PÂTES

製作千層派皮
PRÉPARER UNE **PÂTE FEUILLETÉE**

可用於法式千層酥、國王烘餅或蘋果修頌的基底。在製作千層派皮時,我們會將麵皮和人造奶油交替層疊。水分在蒸發時受到奶油層的阻擋,因而形成酥皮。

🥄 40 分鐘　⏱ 1 小時 30 分鐘

製作 1 公斤的派皮材料

• T55 或 T65 麵粉 500 克 • 細鹽 10 克 • 水 225 毫升
• 融化的植物性人造奶油 50 克 • 折疊用硬質植物性人造奶油 375 克

專用器材　**桿麵棍**

基本揉和麵團(DÉTREMPE):1. 在電動攪拌機的攪拌缸中放入麵粉。如果沒有攪拌機,這個麵團也可以手工製作。**2.** 將溫水和鹽拌合。將這混料倒入麵粉中,加入融化的人造奶油。**3.** 裝上「攪拌葉片」(feuille)的配件,以中速攪拌材料。**4.** 麵粉拌勻後,將麵團放在工作檯上,揉成團狀。**5.** 用刀在麵團表面劃出一個十字形。基本揉和麵團就這樣完成了。**6.** 用保鮮膜將麵團包起,在常溫下靜置 30 分鐘。

折疊(TOURAGE):7. 在工作檯上撒上麵粉。**8.** 用桿麵棍將麵團擀成中央略厚的十字形。**9.** 將折疊用的人造奶油放在中央。應將人造奶油擀成與基本揉和麵團大小一致的長方形。**10.** 將基本揉和麵團的每一邊折起,邊緣相互接合。**11.** 用烘焙刷刷去多餘的麵粉。**12.** 將麵團沿著長邊擀開。應形成約 1 公分厚且長 50 公分的長方形。**13.** 將麵皮折成 3 折。你剛完成一次單折。**14.** 再度將麵團沿著長邊擀開,應形成約 0.5 公分厚且長約 70 公分的長方形麵皮。**15.** 將長方形麵皮從左邊折起 1/4,接著從右邊折起 3/4。將麵塊對折。你剛完成一次雙折。**16.** 為麵團包上保鮮膜。冷藏靜置 30 分鐘。**17.** 再度將麵團擺在工作檯上。**18.** 製作一次雙折,最後完成一次單折。

派皮已經完成,可供使用。使用前必須冷藏至少 30 分鐘。可以保鮮膜密封保存,以免形成硬皮。

製作千層發酵派皮
PRÉPARER UNE PÂTE FEUILLETÉE LEVÉE

製作原理同千層派皮，不同之處在於這種派皮含有酵母。如果能掌握適當的訣竅，這道配方可讓你製作如可頌、巧克力麵包或葡萄乾麵包等多種維也納麵包。

 45 分鐘　　1 小時 35 分鐘

1 公斤派皮的材料

- T45（低筋）麵粉 500 克 • 新鮮麵包酵母 20 克
- 細鹽 10 克 • 金砂糖 60 克 • 植物奶 275 毫升
- 折疊用硬質植物性人造奶油 250 克

特定用具　**擀麵棍**

發酵派皮（PÂTE LEVÉE）：1. 先在電動攪拌機的攪拌缸中放入麵粉。在攪拌缸的一側將酵母弄碎（不應接觸到糖和鹽）。**2.** 從攪拌缸的另一側加入鹽和糖。**3.** 倒入植物奶。**4.** 裝上「揉麵鉤」的配件，以中速攪拌麵團 10 分鐘。待在電動攪拌機旁，因為攪拌機可能會在工作檯上移位。應攪拌至形成麵團，且不沾黏攪拌缸。**5.** 揉麵完成時，將麵團從揉麵鉤上取下。揉成球狀。貼上保鮮膜，在常溫（25℃）下發酵 30 分鐘。**6.** 30 分鐘後，用手背按壓麵團，讓麵團排氣。**7.** 用手概略將麵團壓成規則的長方形。蓋上保鮮膜，冷藏保存 30 分鐘。**8.** 從冰箱取出時，麵團變得更結實。將保鮮膜取下，將麵團沿著長邊擀開。

折疊（TOURAGE）：9. 將人造奶油擺在長方形派皮的中央。將奶油擀成同派皮大小的長方形。**10.** 將派皮從側邊折起，將人造奶油包起（皮夾折）。**11.** 用擀麵棍輕輕按壓黏合。**12.** 將派皮沿著長邊擀開。應形成約 0.5 公分厚且長約 80 公分的長方形麵皮。**13.** 將長方形麵皮的左邊折起 1/4，接著將右邊折起 3/4。將麵塊對折。你剛完成一次雙折。冷藏保存 5 分鐘。**14.** 再度將派皮沿著長邊擀開。應形成約 1 公分厚且長 60 公分的長方形。15. 將麵皮折成 3 折。你剛完成一次單折。

派皮已經完成，可進行擀壓和裁切。使用前必須冷藏至少 30 分鐘。可以保鮮膜密封保存，以免形成硬皮。

製作油酥塔皮
PRÉPARER UNE **PÂTE BRISÉE**

油酥塔皮是最容易製作的塔皮，既適用於鹹味配方，也適用於甜味配方：反烤蘋果塔（tartes Tatin）、法式鹹派（quiches）、餡餅（tourtes）等。

 30 分鐘　　 30 分鐘

1 個直徑 22 公分的塔

- T55（中筋）麵粉 250 克
- 植物性人造奶油 125 克
- 水 70 毫升
- 金砂糖 8 克
- 細鹽 4 克
- 三仙膠 1 小匙

特定用具　**擀麵棍**

1. 在電動攪拌機的攪拌缸中放入麵粉。

2. 加入常溫的人造奶油。裝上「攪拌葉片」的配件，攪拌至形成沙狀。

3. 在容器中，用打蛋器攪拌水、糖和鹽。接著將這混料倒入電動攪拌機的攪拌缸中。攪拌至麵糊不再沾黏攪拌缸內壁。

4. 將麵糊揉成團狀。冷藏保存 30 分鐘後再使用。

變化：如果你沒有攪拌機，這道配方也可以手工製作。在這種情況下，在碗中將乾料和人造奶油攪拌至形成沙狀，接著加入水和鹽。拌勻後加入工作檯上的麵團中壓扁（揉麵），揉至形成均勻質地。

製作杏仁甜酥塔皮

PRÉPARER UNE **PÂTE SUCRÉE AUX AMANDES**

甜酥塔皮不像酥餅塔皮那麼易碎，適用於許多麵糊結實的塔派配方，例如搭配甘那許和乃油醬的塔派。這種塔皮可用榛果取代杏仁，或以苦甜可可粉進行調味。

🥄 20 分鐘　⏲ 30 分鐘

1 個直徑 22 公分的塔

• T55（中筋）麵粉 200 克 • 白杏仁粉 25 克

• 糖粉 75 克 • 三仙膠 1 小匙

• 細鹽 2 克 • 植物性人造奶油 100 克 • 杏仁泥 1/2 小匙

• 亞麻仁籽粉 15 克 + 熱水 40 克

特定用具 擀麵棍

搓沙法（SABLAGE）：1. 在碗中放入麵粉、杏仁粉、糖粉、三仙膠和細鹽。加入常溫的人造奶油和杏仁泥。用乾料搓揉人造奶油，混合所有材料（形成沙狀）。**2.** 在容器中，用打蛋器攪拌麵粉混料、亞麻仁籽粉和熱水。混料將變得黏稠。**3.** 將混料倒入碗中，用手攪拌。**4.** 全部擺在工作檯上，按壓至形成均勻麵團（揉麵）。**5.** 將麵團揉成球狀，包上保鮮膜。冷藏保存 30 分鐘後再使用。

乳化法
· · · · · · ·

1. 用打蛋器在碗中攪拌軟人造奶油，直到形成膏狀。加入杏仁泥、鹽和糖粉。

2. 混入杏仁粉和三仙膠。

3. 在另一個容器中，用打蛋器攪拌熱水和亞麻仁籽粉。混料將變得黏稠。

4. 將亞麻仁籽粉和水的混料倒入碗中，拌勻。

5. 最後混入麵粉，攪拌至形成均勻麵團。

6. 將麵糊揉成球狀，貼上保鮮膜。冷藏保存 30 分鐘後再使用。

塔圈入模

FONCER **UN CERCLE À TARTE**

10 分鐘　　10 分鐘

1 個直徑 **22** 公分的塔

1. 將塔皮從冰箱中取出。用擀麵棍擀至 3 公釐的厚度。

2. 將派皮切成直徑較法式塔圈大 5 至 6 公分的圓形派皮。

3. 將派皮裹在擀麵棍上，接著在預先刷上人造奶油的塔圈上攤開。讓派皮超出塔圈邊緣。

4. 將派皮輕輕壓入塔圈中，仔細按壓，讓派皮附著在塔圈內壁上。

5. 將派皮稍微推入塔圈內，在模具頂端留下少許的多餘派皮。

6. 用擀麵棍擀過塔圈表面，裁去多餘的派皮。

7. 用稍微傾斜的水果刀切去超出塔圈邊緣的塔皮。

8. 冷藏保存 10 分鐘。

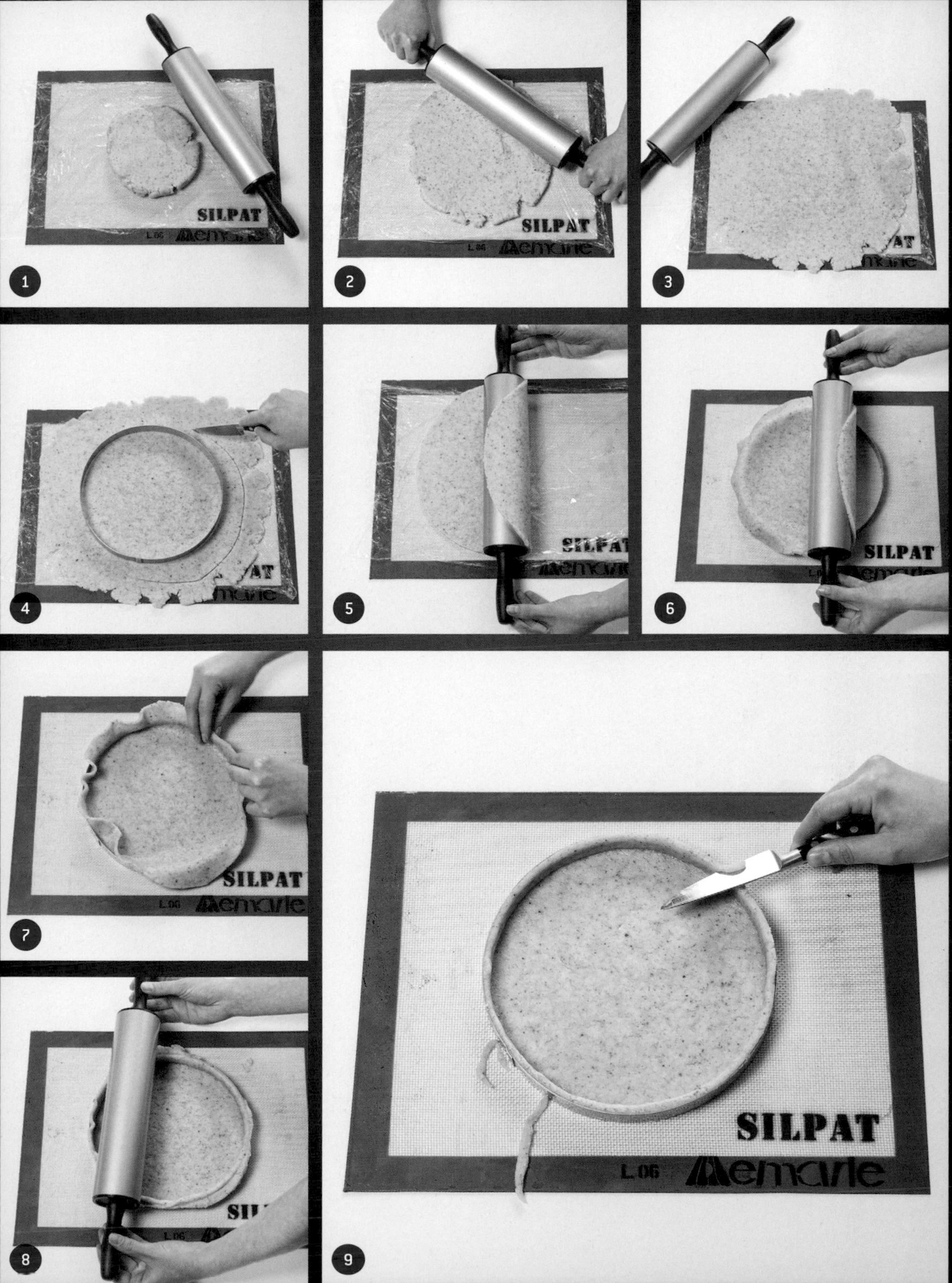
1
2
3
4
5
6
7
8
9
SILPAT

製作手指餅乾
PRÉPARER DES BISCUITS À LA CUILLÈRE

指形蛋糕體，又稱手指餅乾，是一種酥脆的餅乾，最初是以蛋白製作，本書提供用鷹嘴豆水製成的純素版。

 20 分鐘

250 克的手指餅乾

- T45（低筋）麵粉 70 克
- 濃縮鷹嘴豆汁 90 克
- 糖粉 75 克＋裝飾用糖粉
- 塔塔粉 4 克
- 去皮或帶皮杏仁泥 1 大匙

特定用具
· 網篩 · 裝有 10 號圓口花嘴的擠花袋

1. 將麵粉過篩，預留備用。

2. 在裝有「打蛋器」配件的電動攪拌機中，用高速將鷹嘴豆汁打發。在鷹嘴豆汁充分打發後，混入糖粉和塔塔粉。攪打幾分鐘。在將混料攪打至結實後，加入杏仁泥，攪拌 2 秒。

3. 灑上麵粉，用橡皮刮刀攪拌。手指餅乾已完成，可供擠花用。

4. 為了製作手指餅乾，請使用裝有 10 號圓口花嘴的擠花袋。備料應立即使用。可視配方和想要的造型進行擠花。

製作**手指餅乾**

製作馬卡龍餅殼
PRÉPARER DES COQUES À MACARONS

馬卡龍是法式糕點中的象徵性糕點之一，在本書中，這外酥內軟的圓形小點心是以鷹嘴豆水、糖粉和杏仁粉混合製成純素的版本。採義式馬卡龍的做法，這道絕對美味的配方無須壓拌的步驟。

 40 分鐘 　 30 分鐘 　 15 分鐘

40 顆馬卡龍

- 白杏仁粉 200 克
- 糖粉 200 克
- 水 50 毫升
- 砂糖 200 克
- 濃縮鷹嘴豆汁 75 克 + 75 克
- 食用色粉（非必要）

. . . .

特定用具
- 網篩・煮糖溫度計
- 裝有 10 號圓口花嘴的擠花袋
- 馬卡龍烤墊（TAPIS À MACARONS）

1. 將杏仁粉和糖粉過篩。預留備用。

2. 在平底深鍋中攪拌水和砂糖。以中火加熱。將溫度計浸入糖漿中檢查溫度。溫度應達 121℃。

3. 在這段時間，將 75 克的鷹嘴豆汁倒入電動攪拌機的攪拌缸中。裝上「打蛋器」的配件，全速攪打至形成結實質地。

4. 在溫度計顯示 121℃時，將攪拌機的速度調低，緩緩倒入糖漿。小心糖漿噴濺。

5. 可加入食用色粉。用高速攪打至混料冷卻。義式蛋白霜應變得有光澤。當蛋白霜在打蛋器上形成鳥嘴狀時，表示已完成。檢查蛋白霜溫度：應略熱於你的手指。

6. 在裝有糖粉和杏仁粉混料的容器中，加入 75 克的鷹嘴豆汁。用刮刀攪拌至形成相當濃稠的杏仁膏。

7. 用橡皮刮刀混入少量的義式蛋白霜。拌勻後加入剩餘的蛋白霜。充分刮過容器的底部和邊緣，仔細混合。

8. 將上述備料填入裝有 10 號圓口花嘴的擠花袋。

9. 在烤盤上鋪上馬卡龍烤墊。在格子裡填入 3/4 的麵糊，形成扁平小球。

10. 將烤盤對著工作檯用力敲打，讓馬卡龍麵糊的表面平滑。

11. 入烤箱以旋風模式的 105℃烘烤。5 分鐘後，將烤盤換面烘烤，並將溫度提高至 115℃。每 5 分鐘將烤盤換方向，共烤 30 分鐘。將烤箱熄火，讓馬卡龍在關閉的烤箱中靜置 15 分鐘，以便將水分烘乾。

12. 將馬卡龍從烤箱中取出，在工作檯上放涼。

13. 為餅殼脫模。以緊閉的密封罐保存在常溫下或冷藏保存。

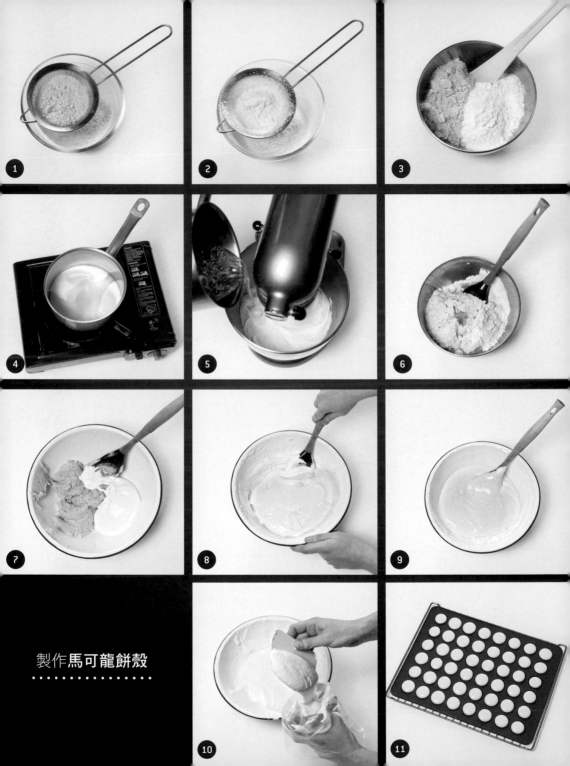

製作**馬可龍餅殼**
· · · · · · · · · · · · · ·

製作薩瓦蘭旦糕體
PRÉPARER UNE PÂTE À SAVARIN

在糕點製作中不可或缺的薩瓦蘭旦糕體，是在烘烤後刷上酒精糖漿的發酵旦糕體，可用來製作著名的蘭姆巴巴旦糕。

 30 分鐘　🕐 1 小時 30 分鐘

12 個薩瓦蘭旦糕

• T45（低筋）麵粉 250 克 • 新鮮麵包酵母 15 克

• 鹽 5 克 • 金砂糖 15 克

• 植物奶 150 毫升 • 植物性人造奶油 75 克

1. 先在電動攪拌機的攪拌缸中放入麵粉。在攪拌缸的一側將酵母弄碎（不應接觸到糖和鹽）。

2. 從攪拌缸的另一側加入鹽和糖。

3. 倒入植物奶和融化的人造奶油。

4. 裝上「揉麵鉤」的配件，攪拌麵團 15 至 20 分鐘。應攪拌至麵團不會沾黏攪拌缸。

5. 揉麵完成時，將麵團從揉麵鉤上取下。將麵團揉成球狀，擺在沙拉碗裡。用布蓋住，在常溫下靜置 1 小時。麵團的體積應膨脹為兩倍。

6. 用掌心按壓麵團，進行排氣。麵團已完成，可進行整形。

7. 填入一個或多個模具至 3/4 滿，，再度在常溫下靜置發酵 30 分鐘。

8. 入烤箱烘烤。烘烤時間取決於薩瓦蘭旦糕的大小。

製作布里歐麵團
PRÉPARER UNE PÂTE À BRIOCHE

這發酵麵團在烘烤後質地輕盈柔軟，可用於製作不同類型的布里歐，例如糖漬水果布里歐、聖托佩塔、南特或巴黎布里歐。

 30 分鐘　　2 小時

500 克的麵團

- •T45（低筋）麵粉 250 克
- • 柳橙皮 1 顆、檸檬皮 1 顆等（非必要）
- • 麵包酵母 10 克 • 鹽 5 克 • 金砂糖 40 克
- • 香草糖 1 包 • 植物奶 120 毫升
- • 植物性人造奶油 100 克

1. 先在電動攪拌機的攪拌缸中放入麵粉，接著可放入果皮。在攪拌缸的一側將酵母弄碎（不應接觸到糖或鹽）。
2. 從攪拌缸的另一側加入鹽、糖和香草糖。
3. 倒入植物奶和融化的人造奶油。
4. 裝上「揉麵鉤」的配件，以低速攪拌麵團 4 分鐘，接著以中速攪拌約 15 至 20 分鐘。應攪拌至麵團不會沾黏攪拌缸。
5. 揉麵完成時，將麵團從揉麵鉤上取下。將麵團揉成球狀，擺在沙拉碗裡。加蓋，在常溫下靜置 1 小時 30 分鐘。麵團的體積應膨脹為兩倍。
6. 用掌心按壓麵團，進行排氣。
7. 將布里歐麵團稍微壓扁。貼上保鮮膜，冷藏保存 30 分鐘。

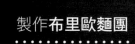

製作**布里歐麵團**

霜醬
LES CRÈMES

製作帕林內醬
PRÉPARER DE LA **PÂTE PRALINÉE**

以焦糖杏仁和榛果製成的帕林內醬既可直接塗在可麗餅上，也可以做為夾心旦糕的內餡，為乃油醬調味。帕林內醬可用胡桃或開心果來變換口味。

 30 分鐘

400 克的帕林內醬

- 水 50 毫升
- 金砂糖 150 克
- 帶皮榛果 125 克
- 帶皮杏仁 125 克

. . . .

特定用具
煮糖溫度計

1. 在平底煎鍋中倒入水，加入糖。煮至 118℃。
2. 加入整顆的榛果和杏仁。煮至形成焦糖。
3. 將混料擺在烤盤紙上放涼。
4. 完全凝固後，將焦糖榛果和杏仁約略壓碎。
5. 用強力的電動攪拌機攪打。幾秒後將形成果仁糖粉，接著逐漸形成平滑的質地。以密封罐保存在乾燥處。

製作**帕林內醬**
. . . .

製作鹹焦糖
PRÉPARER UN **CARAMEL SALÉ**

源自布列塔尼地區的鹹焦糖非常適合用來淋在冰淇淋、糕點上，或是用來為布丁調味。這個版本是用杏仁乃油醬巧妙搭配金砂糖所製成。

 35 分鐘

500 克的焦糖

- 金砂糖 220 克
- 植物性人造奶油 60 克
- 鹽之花 2 撮
- 濃稠杏仁乃油醬 250 毫升

1. 在平底深鍋中放入糖、人造奶油和鹽之花。加上少量的水，以浸泡少量的糖。

2. 以小火至大火加熱至所有材料融化，一邊用刮刀攪拌。

3. 視焦糖的沸騰狀況，交替調整火力大小。混料應起泡並上色。

4. 在焦糖形成漂亮的琥珀色時，離火，加入杏仁乃油醬。小心液體噴濺。

5. 以小火收乾湯汁，直到變得濃稠。

6. 將熱焦糖倒入果醬罐之類的容器中。冷藏保存。

1

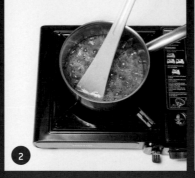

2

3

4

5

製作鹹焦糖
· · · · · · · · · ·

製作香草卡士達乃油醬
PRÉPARER UNE CRÈME PATISSIÈRE À LA VANILLE

卡士達奶油醬傳統上是以牛乳和蛋製作。這道入口較清爽的香草純素版本可用來製作夾心旦糕、杏仁卡士達乃油醬，而且也是舒芙蕾的基底。可在烘烤前後進行調味，或是用果泥來取代牛乳。

🥄 20 分鐘　⏱ 1 小時

500 毫升的乃油醬

- 香草莢 1 根 • 植物奶（杏仁奶、米漿、豆漿）500 毫升
- 金砂糖 120 克 • 玉米澱粉 60 克 • 洋菜 2 克
- 薑黃粉 1 撮或黃色食用色素 • 植物性人造奶油 60 克

特定用具：**網篩**

1. 用水果刀將香草莢剖半。刮取內部，以收集香草籽。
2. 在平底深鍋中，以小火加熱植物奶、香草莢和香草籽 15 分鐘。
3. 撈出香草莢，煮沸。
4. 在這段時間，在另一個容器中攪拌金砂糖、過篩的玉米澱粉、洋菜和薑黃。
5. 植物奶一煮沸就逐量倒入乾的混料中。用打蛋器攪拌。
6. 將混料移至平底深鍋中，以小火煮 2 至 3 分鐘，不停用打蛋器攪拌。注意不要讓乃油醬沾黏鍋底。
7. 煮至形成濃稠質地時，移至容器中。加入人造奶油。
8. 為了避免卡士達乃油醬在冷卻時形成硬皮，請在表面貼上保鮮膜（保鮮膜應直接貼在乃油醬表面）。冷藏保存至少 1 小時。
9. 將冰涼的乃油醬攪打後再使用。

製作**香草卡士達乃油醬**
· · · · · · · · · · · · · · · · · · · ·

製作帕林內卡士達乃油醬
PRÉPARER UNE CRÈME **PATISSIÈRE PRALINÉE**

這種乃油醬以卡士達乃油醬為基底，以不加熱的方式用帕林內醬調味，可用來製作各種夾心旦糕。

20 分鐘　3 小時

500 毫升的乃油醬

• 植物奶 500 毫升 • 金砂糖 75 克

• 玉米澱粉 60 克 • 洋菜 3 克

• 帕林內醬（PÂTE PRALINÉE，見 50 頁）125 克

特定用具：**網篩**

1. 在平底深鍋中將植物奶煮沸。

2. 在這段時間，在另一個容器中攪拌金砂糖、過篩的玉米澱粉和洋菜。

3. 植物奶一煮沸就逐量倒入乾的混料中。用打蛋器攪拌。

4. 全部移至平底深鍋中，以小火煮 2 至 3 分鐘，不停用打蛋器攪拌。注意不要讓乃油醬沾黏鍋底。

5. 煮至形成濃稠質地時，移至容器中。

6. 為了避免卡士達乃油醬在冷卻時形成硬皮，請在表面貼上保鮮膜（保鮮膜應直接貼在乃油醬表面）。冷藏保存 2 小時。

7. 攪打冰涼的乃油醬，加入帕林內醬。

8. 若乃油醬有結塊，請用網篩過濾。

9. 在表面貼上保鮮膜，冷藏凝固至少 1 小時。

製作焦糖卡士達乃油醬
PRÉPARER UNE CRÈME **PÂTISSIÈRE AU CARAMEL**

這種乃油醬以卡士達乃油醬為基底，在不加熱的情況下以鹹焦糖調味而成。可用來製作夾心旦糕。

 20 分鐘　　1 小時

500 毫升的乃油醬

• 植物奶（杏仁奶、米漿、豆漿）500 毫升 • 金砂糖 90 克

• 玉米澱粉 60 克 • 洋菜 2 克 • 植物性人造奶油 60 克

• 鹹焦糖（見 52 頁）135 克

特定用具：**網篩**

1. 在平底深鍋中將植物奶煮沸。
2. 在這段時間，在另一個容器中攪拌金砂糖、過篩的玉米澱粉和洋菜。
3. 植物奶一煮沸就逐量倒入乾的混料中。用打蛋器攪拌。
4. 全部移至平底深鍋中，以小火煮 2 至 3 分鐘，不停用打蛋器攪拌。注意不要讓乃油醬沾黏鍋底。
5. 煮至形成濃稠質地時，移至容器中。加入人造奶油和冷的鹹焦糖。
6. 為了避免卡士達乃油醬在冷卻時形成硬皮，請在表面貼上保鮮膜（保鮮膜應直接貼在乃油醬表面）。冷藏保存至少 1 小時。
7. 將冰涼的乃油醬攪打後再使用。

57

製作巧克力卡士達乃油醬
PRÉPARER UNE CRÈME PÂTISSIÈRE AU CHOCOLAT

20 分鐘　1 小時

500 毫升的乃油醬

- 植物奶（杏仁奶、米漿、豆漿）500 毫升
- 可可脂含量 60% 的黑巧克力 150 克
- 金砂糖 120 克
- 玉米粉 60 克
- 洋菜 2 克
- 植物性人造奶油 60 克

特定用具：**網篩**

1. 在平底深鍋中，將切塊的巧克力和植物奶加熱至融化。

2. 煮沸。

3. 在這段時間，在另一個容器中攪拌金砂糖、過篩的玉米澱粉和洋菜。

4. 植物奶一煮沸就逐量倒入乾的混料中。用打蛋器攪拌。

5. 全部移至平底深鍋中，以小火煮 2 至 3 分鐘，不停用打蛋器攪拌。注意不要讓乃油醬沾黏鍋底。

6. 煮至形成濃稠質地時，移至容器中。加入人造奶油。

7. 為了避免卡士達乃油醬在冷卻時形成硬皮，請在表面貼上保鮮膜（保鮮膜應直接貼在乃油醬表面）。冷藏保存至少 1 小時。

8. 將冰涼的乃油醬攪打後再使用。

製作香草穆斯林乃油醬
PRÉPARER UNE CRÈME MOUSSELINE VANILLE

穆斯林奶油醬是一種以卡士達奶油醬為基底所製作的配方，傳統上會使用奶油並攪拌至膨脹。在這道配方中，奶油會被植物性人造奶油所取代，讓乃油醬更加濃稠滑順。

 30 分鐘　　2 小時

500 毫升的乃油醬

• 香草莢 1 根 • 植物奶（杏仁奶、米漿、豆漿）500 毫升
• 金砂糖 120 克 • 玉米澱粉 60 克 • 洋菜 2 克
• 薑黃粉 1 撮或黃色食用色素
• 膏狀植物性人造奶油 60 克 + 60 克

特定用具：**網篩**

1. 用水果刀將香草莢剖半。刮取內部，以收集香草籽。
2. 在平底深鍋中，以小火加熱植物奶、香草莢和香草籽 15 分鐘。
3. 撈出香草莢，煮沸。
4. 在這段時間，在另一個容器中攪拌金砂糖、過篩的玉米澱粉、洋菜和薑黃。
5. 植物奶一煮沸就逐量倒入乾的混料中。用打蛋器攪拌。
6. 將混料移至平底深鍋中，以小火煮 2 至 3 分鐘，不停用打蛋器攪拌。注意不要讓乃油醬沾黏鍋底。
7. 煮至形成濃稠質地時，離火，加入 60 克的人造奶油。
8. 全部移至容器中。為了避免卡士達乃油醬在冷卻時形成硬皮，請在表面貼上保鮮膜（保鮮膜應直接貼在乃油醬表面）。冷藏保存約 2 小時。
9. 將冰涼的乃油醬倒入電動攪拌機的攪拌缸中。攪拌至均勻。
10. 逐量加入 60 克的人造奶油，攪拌至完全混合。
11. 全部移至容器中，貼上保鮮膜。冷藏保存。
12. 攪打後再使用。

製作椰子打發乃油醬
PRÉPARER UNE CRÈME FOUETTÉE À LA NOIX DE COCO

在這道配方中，打發奶油醬會用椰奶取代。清新且輕盈，與水果沙拉或異國水果夾心旦糕是完美搭配。

 20 分鐘　1 小時

500 克的乃油醬

- 椰奶（CRÈME DE COCO）（盒裝）500 毫升
- 糖粉 25 克

1. 將椰奶、乃油醬倒入電動攪拌機的攪拌缸中，冷藏保存 1 小時，讓乃油醬冷卻。同理，保留電動攪拌機的打蛋器。

2. 以全速攪打冰涼的椰子乃油醬。在乃油醬開始變得濃稠時，加入糖粉。持續攪拌至形成結實的質地。

製作椰子打發乃油醬

製作香草卡士達鮮乃油醬
PRÉPARER UNE CRÈME DIPLOMATE VANILLE

卡士達鮮乃油醬是以卡士達乃油醬為基底，並採用打發鮮乃油讓乃油醬變得蓬鬆，口感更清爽。

 30 分鐘 　 30 分鐘

500 毫升的乃油醬

- 香草莢 1 根 • 植物奶 250 毫升
- 金砂糖 60 克 • 玉米澱粉 30 克
- 洋菜 3 克 • 薑黃粉 1 撮或黃色食用色素
- 打發用植物性鮮奶油（CRÈME VÉGÉTALE À MONTER）250 毫升
- 食用香精（非必要）

特定用具：**網篩**

1. 用水果刀將香草莢剖半。刮取內部，以收集香草籽。
2. 在平底深鍋中，以小火加熱植物奶、香草莢和香草籽 15 分鐘。
3. 撈出香草莢，煮沸。
4. 在這段時間，在另一個容器中攪拌金砂糖、過篩的玉米澱粉、洋菜和薑黃。
5. 植物奶一煮沸就逐量倒入乾的混料中。用打蛋器攪拌。
6. 將混料移至平底深鍋中，以小火煮 2 至 6 分鐘，不停用打蛋器攪拌。注意不要讓乃油醬沾黏鍋底。
7. 煮至形成濃稠質地時，移至容器中。為了避免乃油醬在冷卻時形成硬皮，請在表面貼上保鮮膜（保鮮膜應直接貼在乃油醬表面）。
8. 冷藏保存至卡士達乃油醬到達約 20°C 的溫度。
9. 將植物性鮮奶油打發成結實的香醍鮮乃油。預留備用。
10. 將卡士達乃油醬從冰箱取出，用打蛋器攪打至均勻。
11. 先混入 1/3 的香醍鮮乃油，用打蛋器用力攪拌。接著逐量混入剩餘的香醍鮮乃油，一邊用橡皮刮刀輕輕攪拌。可加入食用香精。
12. 移至容器中，貼上保鮮膜。冷藏保存。

製作杏仁乃油醬
PRÉPARER UNE **CRÈME D'AMANDE**

這種以植物性人造奶油和杏仁粉製成的乃油醬可為甜點增添風味，並讓塔或迷你塔變得更可口，主要可用來製作國王烘餅或洋梨杏仁塔。

20 分鐘　　30 分鐘

340 克的乃油醬

- 植物性人造奶油 80 克
- 糖粉 100 克
- 杏仁粉 100 克
- 鹽 1 撮
- 蘋果果漬 40 克
- 玉米澱粉 2 大平匙
- 蘭姆酒 10 克（非必要）

1. 在容器中，用刮刀攪拌軟人造奶油、糖粉、杏仁粉和鹽。
2. 加入蘋果果漬、玉米澱粉，也可加入蘭姆酒。持續攪拌。
3. 貼上保鮮膜，冷藏保存至少 30 分鐘後再使用。

製作法式乃油霜
PRÉPARER UNE CRÈME AU « BEURRE »

大量滑順的法式乃油霜出現在許多法式糕點的配方中，例如歐培拉蛋糕，或是聖誕木柴蛋糕。這款乃油霜可直接使用，也可以用濃縮咖啡精、香草精、柑橘皮等調味。

🥣 25 分鐘

400 克的乃油醬

- 植物性人造奶油 200 克
- 糖粉 80 克
- 打發用植物性鮮奶油（CRÈME VÉGÉTALE À MONTER）100 毫升
- 食用香精（非必要）：濃縮咖啡精、融化巧克力、香草精等

1. 為電動攪拌機裝上「攪拌葉片」的配件，在攪拌缸中攪拌人造奶油和糖粉，直到形成平滑的乃油醬。保存在沙拉碗中。
2. 將冰涼的植物性鮮奶油倒入電動攪拌機的攪拌缸中，攪打至形成結實質地。
3. 用打蛋器攪拌兩種乃油醬，形成泡沫狀的法式乃油霜。
4. 冷藏保存至乃油醬凝固。

製作**法式乃油霜**
· · · · · · · · · · · · ·

製作香草英式乃油醬
PRÉPARER UNE CRÈME ANGLAISE À LA VANILLE

這種以香草調味的液態乃油醬可直接品嚐，也可搭配熔岩巧克力旦糕，或是更常見的組合是搭配浮島（île flottante）享用。也能用來調製巴伐利亞乃油，用來製作傳統的巴伐利亞糕點。

30 分鐘　　12 小時

500 毫升的乃油醬

- 香草莢 1 根
- 杏仁奶 500 毫升
- 金砂糖 60 克
- 玉米澱粉 20 克
- 薑黃粉 1 撮或黃色食用色素

. . . .

特定用具：**網篩**

1. 用水果刀將香草莢剖半。刮取內部，以收集香草籽。
2. 在平底深鍋中將杏仁奶、香草莢和香草籽煮沸。
3. 將杏仁奶和香草莢倒入沙拉碗中。在混料冷卻後，為沙拉碗蓋上保鮮膜，冷藏保存一個晚上。
4. 隔天，將香草莢撈出，將杏仁奶煮沸。
5. 在這段時間，在容器中攪拌金砂糖、預先過篩的玉米澱粉和薑黃。
6. 將 1/3 的熱杏仁奶倒入乾的混料中。
7. 以小火煮至濃稠，接著加入剩餘的熱杏仁奶。用打蛋器攪拌至乃油醬略為變稠。
8. 將乃油醬倒入容器中，冷藏保存至冷卻。

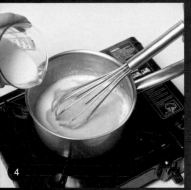

製作**香草英式乃油醬**
· · · · · · · · · · · · · ·

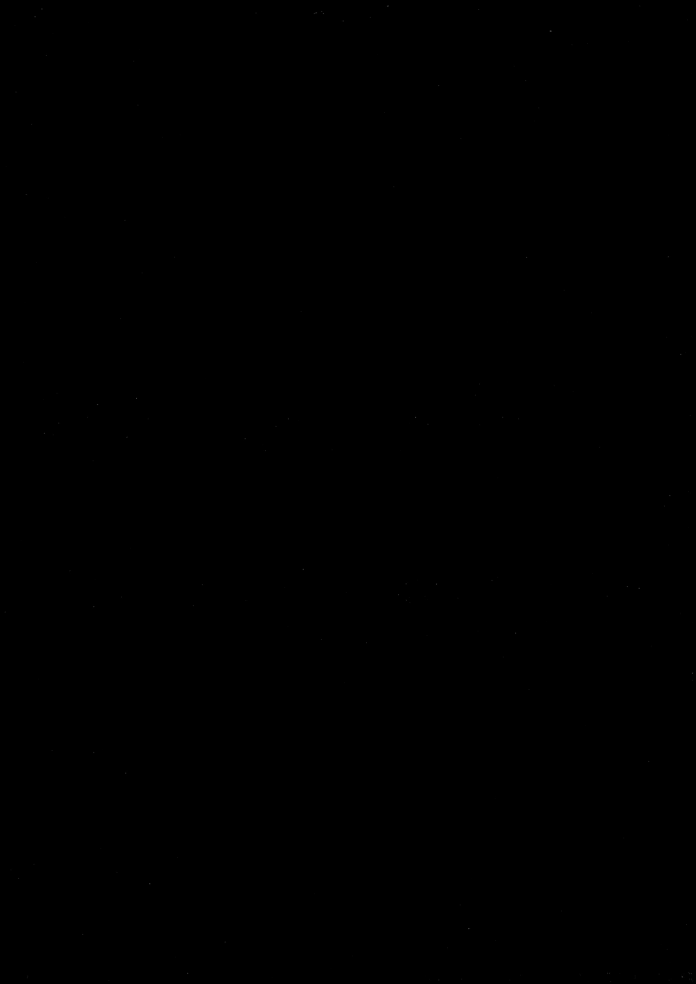

夾心旦糕
LES ENTREMETS

法式草莓旦糕

FRAISIER

法式草莓旦糕是春天必不可少的甜點。這道清新且清爽的夾心旦糕由刷上糖漿的柔軟旦糕體，以及用草莓點綴的穆斯林乃油醬所組成。這道配方中使用的洋菜可確保乃油醬的結實度。

🥄 1 小時 30 分鐘　⏲ 20 至 30 分鐘　📐 2 小時

🧊 冷藏可達2日

6人份

香草穆斯林乃油醬

• 請參考第 59 頁

義式海綿旦糕

• 無添加糖的蘋果果漬 120 克 • 葵花油 50 克 • 植物奶 100 毫升

• 金砂糖 200 克 • T45（低筋）麵粉 200 克

• 玉米澱粉 100 克 • 酵母 5 克 • 鹽 1 撮

糖漿

• 水 100 克 • 蔗糖 100 克 • 蘭姆酒 40 克（非必要）

裝飾

• 草莓幾顆 • 杏仁膏 150 克 • 糖粉

特定用具

• 直徑 20 公分的不鏽鋼法式塔圈 • 玻璃紙卷

• 烘焙刷 • 12 號圓口花嘴 • 擀麵棍

70

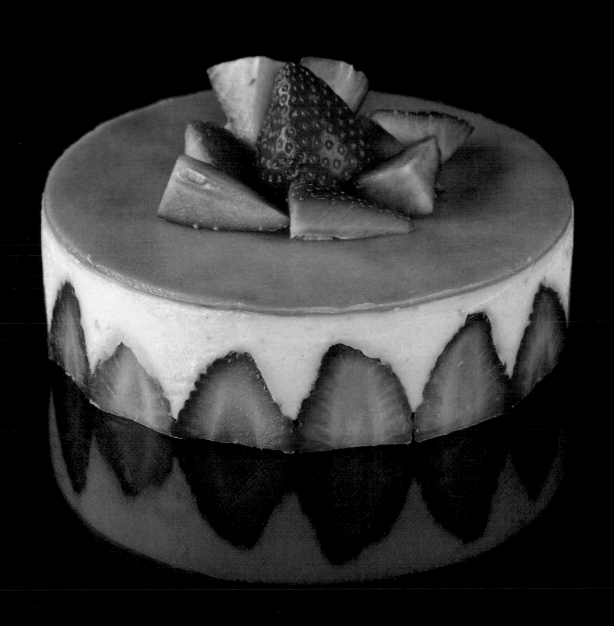

法式草莓旦糕
• • • • • • • • • • •

香草穆斯林乃油醬：**1.** 依照 59 頁指示製作乃油醬。

義式海綿旦糕：**2.** 在容器中攪拌蘋果果漬、油、植物奶和糖。加入麵粉、玉米澱粉、鹽。**3.** 將麵糊倒入直徑 20 公分的法式塔圈。入烤箱以 180℃ 烤 20 至 30 分鐘。

糖漿：**4.** 在平底深鍋將水和糖煮沸。5. 離火，可加入櫻桃酒。保存在常溫下。

組裝：**6.** 將慕斯圈擺在圓形旦糕紙托或盤子上。在慕斯圈內鋪上一條玻璃紙。**7.** 將義式海綿旦糕切成直徑小於慕斯圈（約 16 公分）的圓餅。橫向切半。**8.** 將義式海綿旦糕圓餅擺在慕斯圈中央。用烘焙刷為旦糕體刷上糖漿。**9.** 清洗草莓並去蒂。用吸水紙將草莓輕輕擦乾。將一部分的草莓從長邊切開。擺在慕斯圈周圍。**10.** 用裝有 12 號圓口花嘴的擠花袋擠上 1/3 的穆斯林乃油醬。用刮刀仔細鋪至邊緣，以排除氣泡。在上面蓋上義式海綿旦糕圓餅。**11.** 另一部分的草莓切成碎粒。擺在草莓旦糕中央，鋪上少許乃油醬。**12.** 擺上第二塊義式海綿旦糕圓餅，切面朝下。刷上糖漿。**13.** 鋪上乃油醬，用刮刀將表面抹平。**14.** 在乃油醬表面貼上保鮮膜，冷藏保存 1 小時。

裝飾：**15.** 將杏仁膏拌軟。用擀麵棍擀薄。使用糖粉，以免沾黏工作檯。**16.** 將草莓旦糕從冰箱中取出。去掉保鮮膜。**17.** 將杏仁膏裹在擀麵棍上，擺在草莓旦糕上。用擀麵棍輕輕擀過慕斯圈邊緣，裁去多餘的杏仁膏。**18.** 去掉額外的杏仁膏，接著為草莓旦糕輕輕脫模。**19.** 用草莓裝飾表面。**20.** 冷藏保存至少 1 小時後再享用。

法式草莓旦糕
· · · · · · · · · · ·

73

法式覆盆子旦糕
FRAMBOISIER

法式草莓旦糕是春天必不可少的甜點。這道清新且清爽的夾心旦糕由刷上糖漿的柔軟旦糕體,以及用草莓點綴的穆斯林乃油醬所組成。這道配方中使用的洋菜可確保乃油醬的結實度。

 1 小時　　 1 小時　　 10 分鐘　　 2 日

6人份

| 香草卡士達鮮乃油醬 | • 見 62 頁（1/4 公升的乃油醬） |

糖漿 • 水 100 克 • 蔗糖 100 克
• 覆盆子白蘭地（EAU-DE-VIE DE FRAMBOISE）40 克

杏仁旦糕體 • 金砂糖 200 克 • 鹽 1 撮 • 去皮或帶皮杏仁泥 2 大匙
• 杏仁粉 50 克 • 葵花油 50 克 • 植物奶 250 毫升 • 玉米澱粉 50 克
• T45（低筋）麵粉 200 克 • 酵母 1/2 包

配料 • 新鮮覆盆子 600 克

裝飾 • 白色翻糖（PÂTE À SUCRE BLANCHE）150 克 • 糖粉
• 覆盆子泥 100 克 • 洋菜 2 撮 • 覆盆子 4 顆

特定用具

•22 x 22 公分的不鏽鋼方形慕斯圈 • 玻璃紙卷 • 烘焙刷
• 裝有花嘴的擠花袋 • 擀麵棍 • 不同直徑的圓形壓模

香草卡士達鮮乃油醬：1. 依照 62 頁的指示製作乃油醬。

糖漿：2. 在平底深鍋將水和糖煮沸。**3.** 離火,加入覆盆子白蘭地。保存在常溫下。

杏仁旦糕體：4. 在容器中,以打蛋器攪拌金砂糖、鹽、杏仁泥、油和植物奶。加入杏仁粉。逐量撒上玉米澱粉和麵粉。加入酵母。**5.** 將旦糕體麵糊倒在海綿旦糕烤盤(plaque à génoise)上達 0.5 公分的厚度。入烤箱以 180℃烤 10 分鐘。**6.** 用 22 x 22 公分的不鏽鋼方形慕斯圈,將杏仁旦糕體切成兩塊方形旦糕體。

組裝:7. 將不鏽鋼方形慕斯圈擺在烤盤或餐盤上。在慕斯圈內鋪上一條玻璃紙。**8.** 將一塊方形杏仁旦糕體擺在慕斯圈內。用烘焙刷刷上糖漿。**9.** 用裝有花嘴的擠花袋為旦糕體鋪上卡士達鮮乃油醬。用金屬刮刀將乃油醬仔細鋪至邊緣,以排除氣泡。**10.** 鋪上覆盆子。蓋上卡士達鮮乃油醬。**11.** 為第二塊方形杏仁旦糕體刷上糖漿,將刷上糖漿的一面朝向乃油醬擺放。輕輕按壓,讓整體附著。**12.** 冷藏保存約 30 分鐘,讓乃油醬硬化。

裝飾：**13.** 用擀麵棍將翻糖擀開。為了避免翻糖沾黏工作檯，請使用糖粉。**14.** 將翻糖裹在擀麵棍上，擺在草莓旦糕上。用擀麵棍輕輕擀過慕斯圈邊緣，裁去多餘的翻糖。**15.** 用壓模裁切翻糖。冷藏保存。**16.** 製作覆盆子果凝。做法如下：在平底深鍋中，將覆盆子泥和洋菜煮沸。維持微滾 2 至 3 分鐘。放至微溫。**17.** 用湯匙將果凝舀至翻糖的洞中。冷藏保存。**18.** 為覆盆子旦糕脫模。最後用幾顆覆盆子裝飾。

緹亞儂
TRIANON

緹亞儂,又稱「皇家巧克力旦糕」(royal),巧妙結合柔軟、滑順和酥脆等不同質地,可滿足巧克力的狂熱愛好者。

🥣 1 小時　⏱ 1 小時 15 分鐘　🔥 15 至 20 分鐘

🧊 冷藏 2 日

6 人份

榛果旦糕體 LE BISCUIT AUX NOISETTES

- 無添加糖的蘋果果漬 30 克
- 葵花油 10 克 • 植物奶 25 毫升
- 金砂糖 35 克 • T45(低筋)麵粉 25 克
- 馬鈴薯澱粉 8 克 • 榛果粉 25 克
- 鹽 1 撮 • 酵母 1//4 包

酥脆帕林內 LE PRALINÉ CROUSTILLANT

- 可可脂含量 60% 的黑巧克力 50 克
- 帕林內醬(PÂTE PRALINÉE,見 50 頁)75 克
- 榛果泥 75 克 • 玉米片 10 克

巧克力甘那許 LA GANACHE AU CHOCOLAT

- 植物性鮮奶油 200 毫升
- 可可脂含量 70% 的黑巧克力 200 克

黑巧克力慕斯 LA MOUSSE AU CHOCOLAT NOIR

- 打發用植物性鮮奶油 200 克 • 可可脂含量 60% 的黑巧克力 110 克
- 植物奶 55 毫升

巧克力片 LA FEUILLE EN CHOCOLAT

- 巧克力 100 克 • 植物性金色食用色素

特定用具

緹亞儂

榛果旦糕體：1. 在容器中，攪拌蘋果果漬、油、植物奶和糖。**2.** 加入麵粉、馬鈴薯澱粉、鹽、榛果粉和酵母。**3.** 將旦糕體麵糊倒入不鏽鋼塔圈中。**4.** 入烤箱以 180℃烤 15 至 20 分鐘。用刀尖確認熟度。

酥脆帕林內：5. 將黑巧克力隔水加熱至融化。**6.** 離火後加入帕林內、榛果泥和碎玉米片。**7.** 將酥脆帕林內鋪在榛果旦糕體上。冷藏保存。

巧克力甘那許：8. 在平底深鍋中將植物性鮮奶油煮沸。**9.** 在沙拉碗中，將巧克力切塊。**10.** 將植物性鮮奶油倒入巧克力中，用刮刀拌勻。

預先組裝：11. 將不鏽鋼塔圈擺在長方形旦糕紙托或盤子上。在塔圈內鋪上玻璃紙。**12.** 將榛果旦糕體擺在塔圈內。**13.** 倒入巧克力甘那許，冷藏保存約 30 分鐘，讓甘那許硬化。

黑巧克力慕斯：14. 為電動攪拌機裝上「打蛋器」的配件，在攪拌缸中放入冷凍的植物性鮮奶油，攪打 15 分鐘左右。**15.** 在這段時間，將黑巧克力和植物奶隔水加熱至巧克力融化。預留備用。**16.** 將植物性鮮奶油打發，混入融化的巧克力。冷藏保存，讓乃油醬變得結實。

巧克力片：17. 將巧克力隔水加熱融化，並加熱至 50 至 55℃。用煮糖溫度計控管溫度。**18.** 將平底深鍋浸入裝滿冰塊的容器中，一邊用刮刀攪拌。**19.** 在巧克力達 28℃時，再隔水加熱至 30℃。**20.** 在一張玻璃紙上，將巧克力鋪開成薄薄的一層。在即將凝固之前，用直徑 20 公分的不鏽鋼塔圈裁出薄薄的巧克力片。**21.** 在巧克力表面擺上第二張玻璃紙和一本書，以免巧克力變形。冷藏保存 45 分鐘，接著將表面的玻璃紙剝離。**22.** 用不同大小的壓模和花嘴，在巧克力片上切出小圓片。訣竅是用噴槍或爐火加熱壓模的末端，以利俐落裁切。預留備用。**23.** 在碗中攪拌少許的水和金色色素。**24.** 將巧克力片輕輕翻面，去除玻璃紙。用烘焙刷沾取色素，用紙巾稍微將水分吸乾。用烘焙刷刷上金色線條。冷藏保存。

組裝：25. 為緹亞儂脫模。**26.** 用裝有 12 號圓口花嘴的擠花袋，將巧克力慕斯擠在甘那許上。**27.** 將圓形巧克力片輕輕擺在慕斯上。**28.** 擠出慕斯小點，擺上巧克力小圓片。

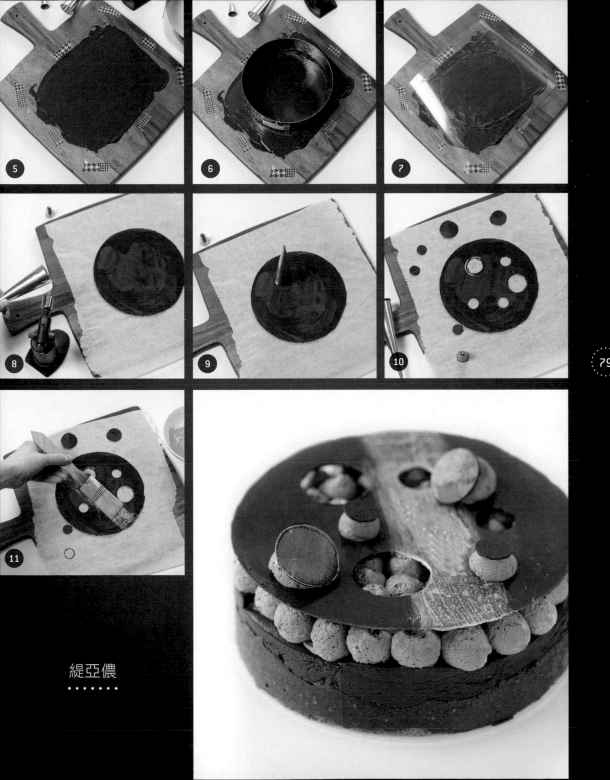

緹亞儂
. . . .

空氣感杏仁甜塔
UN AIR **DE SUCCÈS**

🥄 1 小時　🕐 1 小時　📊 20 至 25 分鐘

6 人份

帕林內卡士達乃油醬　**LA CRÈME PÂTISSIÈRE PRALINÉE**　• 見 56 頁（1/2 公升的乃油醬）

柚子乃油霜 **LE CRÉMEUX AU YUZU**　• 柚子汁 50 毫升 • 水 50 毫升 • 金砂糖 50 克
• 玉米澱粉 25 克 • 薑黃粉 1 撮或純素黃色食用色素 • 植物性人造奶油 40 克

杏仁旦糕體 **LE BISCUIT SUCCÈS**　• 濃縮鷹嘴豆汁 120 克 • 砂糖 50 克 • 塔塔粉 2 克
• 糖粉 100 克 • 白杏仁粉 125 克 • 馬鈴薯澱粉 13 克

裝飾 **LA DÉCORATION**　• 糖粉 • 杏仁

特定用具

• 網篩 • 裝有 10 號圓口花嘴的擠花袋 • 裝有 14 號星形花嘴的擠花袋

帕林內卡士達乃油醬：**1.** 依照 56 頁的指示製作乃油醬。冷藏保存。

柚子乃油霜：**2.** 在平底深鍋中放入柚子汁、水、糖、玉米澱粉和薑黃（將提供漂亮的淡黃色）。
3. 以小火燉煮，一邊用打蛋器攪拌。備料應變得濃稠，形成滑順的乃油醬。**4.** 離火，加入切塊的
人造奶油。用打蛋器拌勻。**5.** 冷藏保存約 1 小時，讓乃油醬冷卻。

杏仁旦糕體：**6.** 在裝有「打蛋器」配件的電動攪拌機中，將鷹嘴豆汁打發成泡沫狀並形成結實
質地。加入砂糖和塔塔粉。應形成平滑、結實且帶有光澤的蛋白霜。**7.** 將糖粉、杏仁粉和澱粉一
起過篩。在蛋白霜上撒上薄薄 1 層粉。用橡皮刮刀輕輕拌勻，但不要讓混料塌下。**8.** 在烤盤紙上
畫出兩個直徑 20 公分的圓。**9.** 用裝有 10 號圓口花嘴的擠花袋，擠出螺旋形的杏仁旦糕體圓餅。
10. 入烤箱以 110℃烤 20 至 25 分鐘。出爐後，保存在網架上。

組裝：**11.** 攪打帕林內卡士達乃油醬，直到形成濃稠質地。在第一塊杏仁旦糕體圓餅上，用裝有
14 號星形花嘴的擠花袋，擠出帕林內乃油醬。**12.** 在每個乃油醬小點內嵌入柚子乃油霜。**13.** 蓋
上第二塊杏仁旦糕體。

裝飾：**14.** 撒上糖粉。**15.** 在上面擠出帕林內乃油醬小點。用杏仁裝飾。**16.** 冷藏保存，讓乃油醬硬化。

蘋果鹹焦糖夏洛特旦糕
CHARLOTTE AUX POMMES ET AU CARAMEL SALÉ

由手指餅乾和乃油醬組成的蘋果夏洛特旦糕，以鹹焦糖、蘋果和蘋果
白蘭地交織出諾曼第和布列塔尼風情。

🥄 1 小時　⏱ 15 分鐘　🧊 2 日

6人份

焦糖卡士達乃油醬 LA CRÈME PÂTISSIÈRE AU CARAMEL

• 見 57 頁

手指餅乾 LE BISCUIT À LA CUILLÈRE

• 見 40 頁

炒蘋果 POUR LA POÊLÉE DE POMMES

• 金冠蘋果（POMMES GOLDEN）4 顆 • 檸檬汁 1/2 顆
• 植物性人造奶油 10 克 • 金砂糖 20 克
• 1 根香草莢的籽 • 蘋果白蘭地（CALVADOS）30 毫升

糖漿

• 水 50 毫升 • 金砂糖 50 克

焦糖鏡面

• 金砂糖 50 克 • 植物性鮮奶油 100 毫升
• 洋菜 1 撮

裝飾

• 金砂糖 75 克 • 榛果 5 至 6 顆

特定用具

• 裝有 10 號圓口花嘴的擠花袋 • 直徑 18 公分的不鏽鋼法式塔圈
• 玻璃紙卷 • 烘焙刷 • 裝有 14 號圓口花嘴的擠花袋

夾心旦糕

蘋果鹹焦糖夏洛特旦糕

焦糖卡士達乃油醬

1. 依照 57 頁指示製作乃油醬。冷藏保存。

手指餅乾

2. 在烤盤紙上畫出兩個直徑 16 公分的圓。

3. 用裝有 10 號圓口花嘴的擠花袋，擠出兩個螺旋形的旦糕體圓餅。

4. 也在斜角擠出手指餅乾條，形成高 5 公分且長 60 公分的盒形。可在擺盤時超出慕斯圈和整平。

5. 入烤箱以 180℃烤約 15 分鐘。出爐後，保存在網架上。

炒蘋果

6. 將蘋果削皮，用蘋果去核器挖去果核。

7. 切成碎丁，用檸檬汁拌勻。這可防止蘋果氧化。

蘋果鹹焦糖夏洛特旦糕

組裝

10. 將慕斯圈擺在圓形旦糕紙托或盤子上。在慕斯圈內鋪上一條玻璃紙。

11. 將盒形的手指餅乾整平，讓高度齊平。貼在慕斯圈內。應稍微超出慕斯圈。用剪刀剪去多餘的餅乾。

12. 將一塊手指餅乾圓餅擺在底部。用烘焙刷刷上糖漿。

13. 用裝有 14 號圓口花嘴的擠花袋鋪上焦糖乃油醬。在表面鋪上炒蘋果，再蓋上焦糖乃油醬。

14. 擺上第二塊手指餅乾圓餅。刷上糖漿，蓋上焦糖乃油醬，並預留 1 公分的空間。

焦糖鏡面

15. 在平底深鍋中，將糖乾煮至形成焦糖。在焦糖變為金黃色時，倒入熱的植物性鮮奶油，用刮刀拌勻。

16. 加入洋菜，以小火煮 2 至 3 分鐘。放至微溫後淋在夏洛特旦糕上。冷藏保存。

裝飾

17. 在享用夏洛特旦糕之前，將糖加熱融化，形成琥珀色且流動性高的焦糖。

18. 將每顆榛果插在竹籤或牙籤上。

19. 以極小的火加熱焦糖，讓焦糖保持流動質地。將整顆的榛果逐一浸入焦糖中；將榛果取出，倒置，讓焦糖流下。

20. 將榛果放涼。切去多餘的焦糖絲。將榛果輕輕擺在夏洛特旦糕上。

小柑橘蒙布朗
MONT-BLANC À LA CLÉMENTINE

🥄 1 小時 20 分鐘　🕐 1 小時　📏 1 小時 45 分鐘　🧊 2 日

6 個

杏仁乃油醬

• 見 63 頁（分為兩份的量）

蛋白霜

• 濃縮鷹嘴豆汁 200 克 • 糖粉 200 克
• 塔塔粉 2 克

小柑橘醬 LA MARMELADE DE CLÉMENTINES

• 有機小柑橘（CLÉMENTINES BIO）150 克 • 金砂糖 65 克
• NH 果膠 1.5 克 • 糖漬薑 10 克

杏仁甜酥塔皮 LA PÂTE SUCRÉE AUX AMANDES

• 見 34 頁

打發乃油醬 LA CRÈME MONTÉE

• 打發用植物性鮮奶油 250 毫升
• 1 根香草莢的籽

栗子細絲 LES VERMICELLES AUX MARRONS

• 糖漬栗子醬（PÂTE DE MARRONS）100 克
• 栗子泥 215 克 • 甜味栗子泥（CRÈME DE MARRONS）115 克
• 蘭姆酒或威士忌 40 毫升（非必要）

裝飾

• 糖粉 • 糖栗 3 顆

特定用具

• 裝有 14 號圓口花嘴的擠花袋 • 6 公分的半球形多孔連模
• 電動攪拌機 • 直徑 8 公分的迷你塔圈 • 裝有 8 號圓口花嘴的擠花袋
• 裝有鳥巢（NID）（或稱蒙布朗 VERMICELLE）花嘴的擠花袋

夾心旦糕

小柑橘蒙布朗 MONT-BLANC À LA CLÉMENTINE

杏仁乃油醬：1. 依照 63 頁的指示製作乃油醬。冷藏保存。

蛋白霜：2. 將這鷹嘴豆汁倒入電動攪拌機的攪拌缸中。裝上「打蛋器」的配件，攪打至形成結實質地。**3.** 加入糖粉和塔塔粉。**4.** 用裝有 14 號圓口花嘴的擠花袋，將蛋白霜擠入 6 公分的半球形多孔連模中。**5.** 入烤箱以 100℃烤 1 小時 30 分鐘（將烤盤擺在烤箱底部）。**6.** 不加熱地輕輕脫模。保存在常溫下。

小柑橘醬：7. 清洗小柑橘並切塊。用沸水燙煮 1 分鐘，瀝乾後再重複同樣的程序。**8.** 攪拌糖和果膠。將薑切成小丁。**9.** 將小柑橘和薑放入電動攪拌機中，攪打成泥。**10.** 將上述混料倒入平底深鍋中，加蓋以中火煮 10 分鐘。**11.** 將蓋子打開，繼續煮幾分鐘，一邊攪拌，將果醬的水分煮乾。倒入容器中，在果醬表面貼上保鮮膜，冷藏保存。

杏仁甜酥塔皮：12. 依照 34 頁指示製作塔皮，鋪在直徑 8 公分的迷你塔圈底部。冷藏保存。**13.** 用裝有 8 號圓口花嘴的擠花袋，在塔底擠上杏仁乃油醬。冷藏保存 30 幾分鐘。**14.** 入烤箱以 180℃烤 15 分鐘。

打發乃油醬：15. 為電動攪拌機裝上「打蛋器」的配件，在攪拌缸中放入冷凍的植物性鮮奶油，攪打 15 分鐘左右。**16.** 將植物性鮮奶油和香草籽打發。冷藏保存，讓乃油醬變得結實。

栗子細絲：17. 為電動攪拌機裝上「攪拌葉片」的配件，在攪拌缸中攪拌所有材料，直到形成均勻無結塊的質地。**18.** 保存在裝有鳥巢花嘴的擠花袋中。

組裝：19. 將小柑橘醬填入裝有 8 號花嘴的擠花袋。在蛋白霜表面戳洞，鋪上小柑橘醬。**20.** 將蛋白霜擺在迷你塔上，用半球形蛋白霜、打發乃油醬覆蓋表面，形成圓椎狀。**21.** 擠上纏繞的栗子細絲。將打發乃油醬和蛋白霜完全覆蓋。**22.** 最後撒上糖粉，在每個蒙布朗上擺上半顆糖栗。

聖托佩塔

TARTE **TROPÉZIENNE**

這道以普羅旺斯市鎮為名的甜點結合了兩種滑順乃油醬和以橙花調味的布里歐，再撒上珍珠糖。

45 分鐘　3 小時 30 分鐘　20 分鐘　2 日

6 人份

卡士達鮮乃油醬 LA CRÈME DIPLOMATE

- 見 62 頁

布里歐麵團

- 見 46 頁 • 融化的植物性人造奶油 50 克
- 金砂糖 50 克 • 珍珠糖（SUCRE GRAIN）

糖漿

- 水 100 克 • 金砂糖 100 克
- 橙花香精 4 滴

特定用具

- 擀麵棍

直徑 20 公分的慕斯圈

烘焙刷

裝有 10 號圓口花嘴的擠花袋

聖托佩塔 TARTE **TROPÉZIENNE**

卡士達鮮乃油醬 LA CRÈME DIPLOMATE

1. 依照 62 頁指示製作乃油醬。冷藏保存。

布里歐麵團

2. 將布里歐麵團從冰箱中取出。

3. 用擀麵棍擀至 2 公分的厚度。

4. 用慕斯圈裁出直徑 20 公分的圓形餅皮。擺在鋪有烤盤紙的烤盤上。

5. 連同慕斯圈在常溫下靜置發酵 1 小時。麵團的體積應膨脹為兩倍。

6. 在平底深鍋中，將人造奶油加熱至融化。用烘焙刷在布里歐表面。撒上金砂糖並加入珍珠糖。

7. 入烤箱以 200℃烤 20 分鐘。布里歐的表面應烤成金黃色。

糖漿

8. 在平底深鍋將水和糖煮沸。

9. 離火，加入橙花。

組裝

10. 布里歐一冷卻，就橫切成兩半。

11. 為下方的布里歐刷上糖漿。

12. 用裝有 10 號圓口花嘴的擠花袋為布里歐擠上卡士達鮮乃油醬。

13. 為上方的布里歐圓餅刷上糖漿，擺在乃油醬上。

14. 冷藏保存至少 30 分鐘，讓乃油醬變得結實。

聖托佩塔

協和旦糕
CONCORDE

🥄 40 分鐘　🕐 1 小時　📏 2 小時

6 人份

巧克力蛋白霜

• 糖粉 150 克 • 無糖可可粉 25 克 • 濃縮鷹嘴豆汁 150 克 • 砂糖 150 克
• 塔塔粉 2 克 • 融化的黑巧克力 100 克

巧克力慕斯

• 可可脂含量 60% 的黑巧克力 150 克 • 嫩豆腐 250 克 • 植物奶 100 毫升 • 洋菜 2 克

特定用具

• 網篩 • 裝有 10 號圓口花嘴的擠花袋 • 烘焙刷
• 直徑 18 公分的慕斯圈 • 玻璃紙卷

巧克力蛋白霜：1. 將糖粉和可可粉一起過篩。**2.** 在裝有「打蛋器」配件的電動攪拌機中,將鷹嘴豆汁打發至形成結實質地。**3.** 加入砂糖和塔塔粉,持續攪打。應形成平滑有光澤的混料。**4.** 用橡皮刮刀將過篩的糖粉和可可粉輕輕混入蛋白霜中。**5.** 用裝有 10 號圓口花嘴的擠花袋,擠出兩個直徑 16 公分的螺旋形蛋白霜圓餅。另擠出蛋白霜長條。**6.** 入烤箱以 100℃烤 2 小時(將烤盤擺在烤箱底部)。**7.** 在網架上放涼。**8.** 用烘焙刷為兩塊蛋白霜圓餅刷上融化的巧克力。這可讓蛋白霜防水,以維持酥脆度。

巧克力慕斯：9. 將巧克力隔水加熱至融化。**10.** 在這段時間,用手持電動攪拌棒攪打嫩豆腐至成乳霜狀。**11.** 倒入融化的巧克力,用電動攪拌機上下攪拌,以混入空氣。**12.** 在平底深鍋中,將植物奶和洋菜煮沸,並以小火微滾 2 分鐘。**13.** 將這混料混入巧克力糊中,以同樣方式攪打。

組裝：14. 將慕斯圈擺在圓形旦糕紙托或盤子上。在慕斯圈內鋪上一條玻璃紙。**15.** 將第一塊蛋白霜圓餅擺在慕斯圈中央。鋪上巧克力慕斯。用金屬刮刀將慕斯均勻鋪至邊緣,以排除氣泡。**16.** 擺上第二塊蛋白霜圓餅,鋪上巧克力慕斯,鋪至慕斯圈的高度。如有需要可用刮刀抹平。**17.** 冷藏保存約 1 小時,讓慕斯凝固。**18.** 為協和旦糕脫模,移去玻璃紙,用不同大小的碎蛋白霜條裝飾。撒上糖粉。

請在當天食用完畢。

協和蛋糕

歐培拉旦糕
OPÉRA

歐培拉旦糕這道經典的法式糕點是由杏仁旦糕體、巧克力甘那許和咖啡乃油醬所組成。這道甜點不會很難製作，但需要用到一些特定的器材。

1 小時　　2 小時 30 分鐘　　10 分鐘　　2 日

6人份

杏仁旦糕體

• 金砂糖 200 克 • 鹽 1 撮 • 去皮或帶皮杏仁泥 2 大匙 • 葵花油 150 克
• 植物奶 250 毫升 • 白杏仁粉 50 克 • 玉米澱粉 50 克
• T45（低筋）麵粉 200 克 • 塗層用黑巧克力 50 克 • 酵母 1//2 包

咖啡乃油醬 LA CRÈME AU CAFÉ

• 參考第 64 頁的法式「乃油」霜配方，並加入 15 克的濃縮咖啡精

咖啡糖漿 LE SIROP AU CAFÉ

• 水 200 毫升 • 紅糖 200 克 • 濃縮咖啡精 20 克

巧克力甘那許

• 杏仁乃油醬 150 毫升 • 黑巧克力 140 克

鏡面

• 黑巧克力 300 克 • 葡萄籽油 40 克

裝飾

• 金箔

特定用具

• 22 x 22 公分的不鏽鋼方形慕斯圈 • 玻璃紙卷 • 烘焙刷

歐培拉旦糕 TARTE **OPÉRA**

杏仁旦糕體：1. 在容器中，以打蛋器攪拌金砂糖、鹽、杏仁泥、油和植物奶。加入杏仁粉。逐量撒上玉米澱粉和麵粉。加入酵母。**2.** 將旦糕體麵糊倒在兩張海綿旦糕烤盤上，形成 0.5 公分的厚度。入烤箱以 180℃烤 10 分鐘。**3.** 用 22×22 公分的不鏽鋼方形慕斯圈裁成 3 塊方形旦糕體。將第一塊方形旦糕體擺在工作檯上。**4.** 將黑巧克力隔水加熱至融化。為杏仁旦糕體的一面鋪上極薄的一層膜。這層膜可防水。**5.** 將旦糕體冷藏保存至巧克力硬化。

咖啡乃油醬：6. 製作法式乃油霜（見 64 頁）。**7.** 在製作完成時加入濃縮咖啡精。冷藏保存。

咖啡糖漿：8. 在平底深鍋將水和糖煮沸。**9.** 離火，加入濃縮咖啡精。

預先組裝：10. 將塗膜的旦糕體從冰箱中取出。將旦糕體翻面，讓巧克力部分朝上。將這方形旦糕體擺在預先鋪上玻璃紙的不鏽鋼方形慕斯圈中。**11.** 用烘焙刷為旦糕體刷上大量的咖啡糖漿。**12.** 在刷好糖漿的旦糕體上，鋪上一層 3 至 4 公釐厚的咖啡乃油醬。用曲型抹刀抹平。務必不要將慕斯圈的內壁弄髒，否則在脫模時，可能會看不見不同的層次。**13.** 將第二塊旦糕體擺在工作檯上。在一面刷上大量的咖啡糖漿。將旦糕體擺在咖啡乃油醬上（糖漿面必須朝向乃油醬）。為旦糕體的另一面刷上咖啡糖漿。冷藏保存。

巧克力甘那許：14. 在平底深鍋中將杏仁乃油醬煮沸。**15.** 這段時間，在沙拉碗中將巧克力弄碎成塊。**16.** 將熱的乃油醬倒入巧克力中。用刮刀拌勻。**17.** 在旦糕體上鋪上薄薄一層巧克力甘那許。

最後組裝：18. 為第三塊旦糕體的兩面都刷上咖啡糖漿放入模具。**19.** 鋪上第二層咖啡乃油醬，鋪至 3 至 4 公釐的厚度。用曲型抹刀抹至均勻。最後在表面鋪上保鮮膜，冷藏保存至少 2 小時。

鏡面：20. 將黑巧克力隔水加熱至融化。融化時，加入葡萄籽油。**21.** 在不鏽鋼方形慕斯圈下方擺上方形紙板，讓甜點表面形成 2 至 3 公釐的空間。**22.** 將鏡面淋在冷的咖啡乃油醬上。接著用夠大的刮刀一次將表面抹平。

裝飾：23. 冷藏保存 30 分鐘。為歐培拉旦糕脫模。**24.** 用刀尖輕輕放上一小片金箔，完成擺盤。

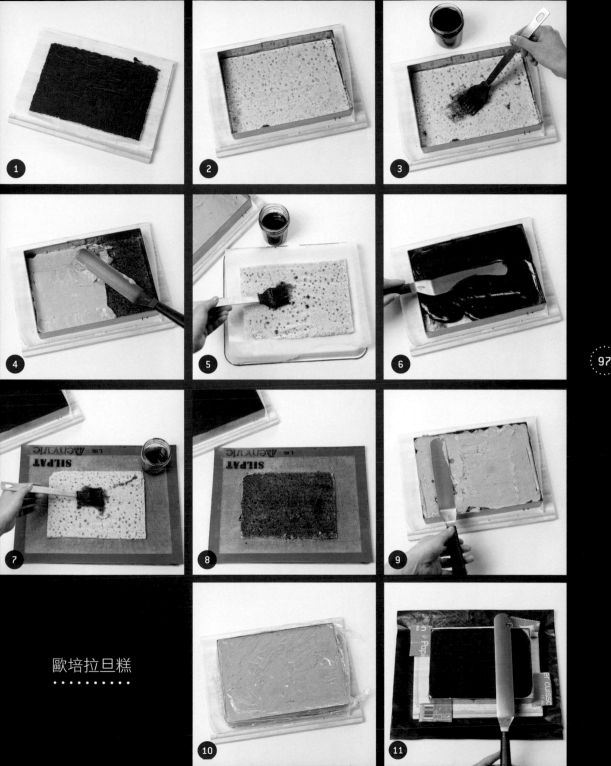

歐培拉旦糕
. . . .

開心果大黃百香夾心旦糕
ENTREMETS PISTACHE-RHUBARBE-PASSION

🥣 1 小時 10 分鐘　　📇 以 180℃烤 10 分鐘　　🧊 2 日

6 人份

開心果旦糕體 LE BISCUIT PISTACHE

• T45（低筋）麵粉 200 克 • 馬鈴薯澱粉 100 克

• 金砂糖 150 克 • 開心果醬 70 克

• 葵花油 100 克 • 植物奶 100 毫升

• 大豆優格 100 克 • 鹽 1 撮 • 酵母 1 包

酥脆帕林內

• 切碎開心果 35 克 • 切碎杏仁 35 克

• 開心果醬 25 克 • 帕林內醬 60 克 • 可可脂含量 50% 的巧克力 35 克

百香果慕斯 LA MOUSSE AU FRUIT DE LA PASSION

• 百香果泥 250 克 • 打發用植物性鮮奶油 700 毫升

大黃果凝 LA GELÉE DE RHUBARBE

• 紅大黃泥 250 克 • 檸檬汁 5 克

• 金砂糖 25 克 • 洋菜 3 克

裝飾

• 開心果粉 50 克

特定用具

• 22×22 公分的不鏽鋼方形慕斯圈
煮糖溫度計
玻璃紙卷和單張的玻璃紙

開心果大黃百香夾心旦糕

開心果旦糕體

1. 在容器中，用打蛋器攪拌大豆優格、油、植物奶和糖。加入麵粉、馬鈴薯澱粉、鹽和酵母。**2.** 最後加入開心果醬。拌勻。應攪拌至麵糊均勻且不結塊。**3.** 將麵糊倒在海綿旦糕烤盤上，形成 0.5 公分的厚度。這道配方必須製作 3 塊旦糕體。入烤箱以 180℃烤 10 分鐘。用刀尖確認熟度。**4.** 用 22×22 公分的不鏽鋼方形慕斯圈裁成 3 塊旦糕體。

酥脆帕林內

5. 將烤箱預熱至 140℃。將切碎的杏仁和開心果鋪在鋪有烤盤紙的烤盤上。入烤箱烤 15 分鐘。**6.** 將巧克力連同開心果醬和帕林內醬一起隔水加熱至融化。**7.** 離火，加入杏仁和開心果。**8.** 將酥餅料糊鋪在 22×22 公分的不鏽鋼方形慕斯圈內。冷凍保存。

百香果慕斯

9. 為電動攪拌機裝上「打蛋器」的配件，在攪拌缸中放入冷凍的植物性鮮奶油，攪打 15 分鐘左右。**10.** 將植物性鮮奶油打發，逐量加入加糖的百香果泥。冷藏保存。

預先組裝

11. 在不鏽鋼方形慕斯圈內鋪上玻璃紙。**12.** 將開心果旦糕體擺在慕斯圈底部。**13.** 用刮刀鋪上薄薄一層百香果慕斯。**14.** 擺上酥脆帕林內，鋪上第二層薄薄的百香果慕斯。**15.** 擺上第二塊開心果旦糕體並輕輕按壓。蓋上薄薄一層百香果慕斯。冷藏保存。

大黃果凝

16. 在平底深鍋中，將大黃泥、檸檬汁、糖和洋菜煮沸。以小火微滾 2 至 3 分鐘。**17.** 將果凝倒入方形慕斯圈中，冷藏保存至果凝變得結實。

最後組裝

18. 在大黃果凝上鋪上薄薄一層百香果慕斯。**19.** 擺上最後一塊旦糕體，最後再鋪上百香果慕斯。用刮刀抹平。**20.** 為旦糕撒上開心果粉。冷藏保存。

白巧克力紅莓果夾心旦糕
ENTREMETS AU CHOCOLAT BLANC ET FRUITS ROUGES

 45 分鐘　　　10 至 15 分鐘　　2 日

6人份

覆盆子軟旦糕體 LE MOELLEUX AUX FRAMBOISES

- 金砂糖 65 克 • 無添加糖的蘋果果漬 55 克
- T55（中筋）麵粉 60 克
- 泡打粉 1/4 包 • 葵花油 15 克
- 新鮮或冷凍覆盆子 25 克

紅莓果漬

- 新鮮或冷凍覆盆子 100 克
- 金砂糖 40 克 • NH 果膠 2 克
- 檸檬汁 10 克 • 桑葚果泥 100 克

酥餅

- 白巧克力 150 克 • 玉米片 80 克

白巧克力慕斯

- 白巧克力 200 克 • 植物奶 50 毫升 • 洋菜 2 克
- 嫩豆腐 400 克 • 櫻桃酒 60 克（非必要）

覆盆子鏡面 LE MIROIR À LA FRAMBOISE

- 覆盆子庫利（COULIS DE FRAMBOISES）400 克
- 洋菜 2 克

裝飾

- 新鮮紅莓果

特定用具

直徑 20 公分的慕斯圈
玻璃紙

白巧克力紅莓果夾心旦糕

覆盆子軟旦糕體：1. 在容器中攪打糖和果漬。加入麵粉和泡打粉。拌匀後混入油。**2.** 將麵糊倒入直徑 20 公分的慕斯圈。**3.** 將覆盆子切半，擺在麵糊上。**4.** 入烤箱以 180℃烤 10 至 15 分鐘。**5.** 在軟旦糕體冷卻時脫模。用鋸齒刀將高度整平。

紅莓果漬：6. 在平底深鍋中加熱覆盆子和混有 NH 果膠的糖。在第一次煮沸時停止烹煮。**7.** 離火，加入檸檬汁和桑葚果泥。**8.** 用電動攪拌機攪打，用漏斗型濾器過濾去籽。冷藏保存。

酥餅：9 將白巧克力隔水加熱至融化。**10.** 將玉米片打碎，和融化的巧克力一起攪拌。**11.** 將一大匙的酥餅糊鋪在覆盆子軟旦糕體上。**12.** 用剩餘的酥餅糊製作小塊，做為旦糕的裝飾。全部冷藏保存。

白巧克力慕斯：13. 將白巧克力隔水加熱至融化。**14.** 在這段時間，將植物奶和洋菜煮沸，以小火微滾 2 至 3 分鐘。**15.** 將嫩豆腐瀝乾，用手持電動攪拌棒攪打至形成平滑的乳霜狀。**16.** 混入融化的白巧克力、植物奶，也可加入櫻桃酒。用電動攪拌機上下攪拌，以混入空氣。注意，應立即進行旦糕的組裝，因為慕斯很快就會凝固。

組裝：17. 將慕斯圈擺在圓形旦糕紙托或盤子上。在慕斯圈內鋪上一條玻璃紙，將酥餅軟旦糕體放入慕斯圈中央。**18.** 擺上巧克力慕斯，直到稍微蓋住酥餅。接著用金屬刮刀將慕斯鋪至慕斯圈邊緣。**19.** 用湯匙在旦糕中央擺上紅莓果漬。蓋上巧克力慕斯，並鋪至慕斯圈邊緣。用刮刀抹平，冷藏保存。

鏡面與裝飾：20. 在平底深鍋中，將覆盆子庫利和洋菜煮沸。以小火微滾 2 至 3 分鐘。**21.** 將慕斯圈稍微抬起，讓鏡面流動。冷藏保存。**22.** 輕輕脫模，接著用紅莓果和酥餅小塊裝飾。

香草千層派
MILLE-FEUILLE VANILLE

既酥脆又柔軟的千層派僅由香草乃油醬和三層的千層派皮所組成。

🥄 45 分鐘　🕐 2 小時 30 分鐘　🔥 30 分鐘　🗄 2 日

6 人份

千層派皮

• 見 30 頁

香草卡士達鮮乃油醬

• 見 62 頁

打發乃油醬

• 打發用植物性鮮奶油 250 克

• 1 根香草莢的籽

• • • • • • • • • • • • • • •

特定用具

擀麵棍
裝有 10 號圓口花嘴的擠花袋
裝有聖多諾黑（SAINT-HONORÉ）花嘴的擠花袋

香草千層派

千層派皮

1. 依照 30 頁指示製作千層派皮。

香草卡士達鮮乃油醬

2. 依照 62 頁指示製作乃油醬。

打發乃油醬

3. 為電動攪拌機裝上「打蛋器」的配件，在攪拌缸中放入冷凍的植物性鮮奶油，攪打 15 分鐘左右。

4. 將植物性鮮奶油和香草籽打發。

5. 冷藏保存，讓乃油醬變得結實。

長方形千層派皮 LES RECTANGLES DE PÂTE FEUILLETÉE

6. 將千層派皮擀成 3 塊 35 × 11 公分的長方形派皮。

7. 將每塊長方形派皮各自擺在鋪有烤盤紙的烤盤上，用叉子戳洞。蓋上烤盤紙。在表面擺上第二個大小相同的烤盤。這可加壓並避免派皮在烘烤時過度膨脹。

8. 入烤箱以 180℃烘烤。20 分鐘後，移去上方的烤盤，再烤 10 分鐘。

9. 放涼。用鋸齒刀切成三塊同樣大小的長方形千層派皮（約 30 × 8 公分）。

組裝

10. 用裝有 10 號圓口花嘴的擠花袋，將香草卡士達鮮乃油醬擠在一塊長方形的千層派皮上，擠出彼此相連的平行線條。

11. 在上面擺上第二塊長方形千層派皮，接著以同樣方式擠上乃油醬。

12. 擺上第三塊長方形千層派皮。輕輕按壓，讓派皮附著。

13. 用刮刀將側邊抹平。如有需要，可加上少許乃油醬，不要留下任何的空洞。冷藏保存 1 小時，讓乃油醬凝固。

14. 將千層派側放。用裝有聖多諾黑花嘴的擠花袋在側邊擠上打發乃油醬。

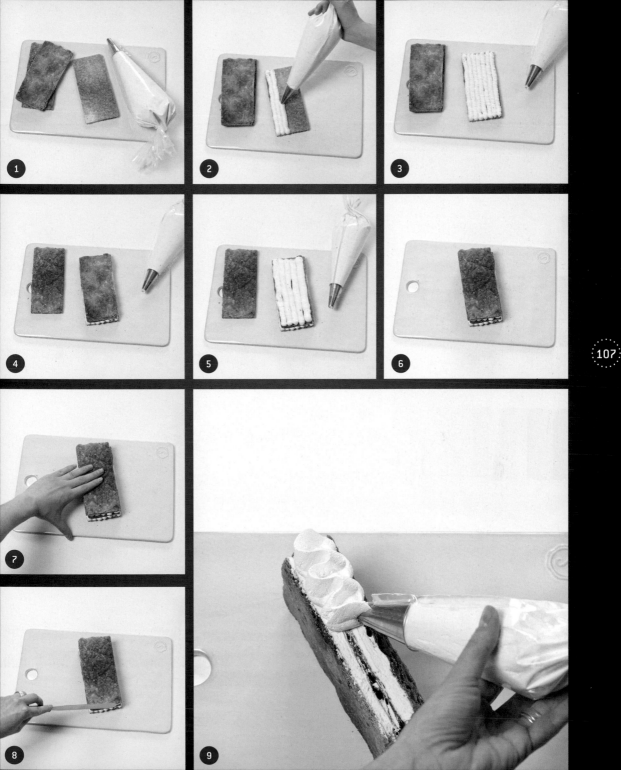

異國風情薩瓦蘭旦糕
SAVARIN **EXOTIQUE**

🥄 2 小時 10 分鐘　⏱ 2 小時　〰 2 小時至 2 小時 15 分鐘　🗄 2 日

8 人份

薩瓦蘭旦糕體 PRÉPARER UNE PÂTE À SAVARIN

• 見 45 頁 • 植物性人造奶油

椰子打發乃油醬

• 見 60 頁

糖漿

• 水 750 毫升 • 金砂糖 550 克

• 百香果泥 350 克 • 棕色蘭姆酒 70 克

鳳梨片 LES CHIPS D' ANANAS

• 維多利亞（VICTORIA）鳳梨 1 顆 • 糖粉

青檸鳳梨碎粒 LA BRUNOISE D'ANANAS AU CITRON VERT

• 有機青檸檬 1 顆 • 維多利亞鳳梨

裝飾

• 無味透明鏡面果膠 200 克 • 百香果 2 顆

特定用具

**直徑 20 公分的咕咕霍夫旦糕模（MOULE À KOUGLOF）
裝有 14 號星形花嘴的擠花袋**

異國風情薩瓦蘭旦糕

薩瓦蘭旦糕體

1. 依照 45 頁指示製作薩瓦蘭旦糕體。**2.** 為直徑 20 公分的咕咕霍夫旦糕模刷上少許植物性人造奶油。放入薩瓦蘭旦糕體麵糊至模具的 3/4 滿，靜置 30 分鐘。**3.** 入烤箱以 200℃烤 30 至 45 分鐘。留意烘烤狀況。薩瓦蘭旦糕應烤成金黃色。4. 放涼後立即擺在網架上。

椰子打發乃油醬

5. 依照 60 頁指示製作乃油醬。冷藏保存至使用的時刻。

糖漿

6. 在平底深鍋將水和糖煮沸。**7.** 離火，加入百香果泥和蘭姆酒。**8.** 再將薩瓦蘭旦糕放回模具中。用大湯勺緩緩淋上仍溫熱的糖漿，直到巴巴旦糕被糖漿完全浸透。**9.** 將一個網架擺在巴巴旦糕模上，倒置脫模。在網架下方放一個容器，用來收集多餘的糖漿。**10.** 用大湯勺將多餘的糖漿淋在 1 薩瓦蘭旦糕上，讓旦糕充分被糖漿浸透。旦糕應形成海綿狀。冷藏保存。

鳳梨片

11. 將鳳梨削皮。**12.** 用蔬果切片器將鳳梨切成薄片。**13.** 小心地將鳳梨片擺在鋪有烤盤紙的烤盤上。撒上糖粉。**14.** 在表面鋪上另一張烤盤紙並擺上另一個烤盤。這可避免鳳梨片在烘烤時膨脹。**15.** 入烤箱以 100℃烤 1 小時 30 分鐘。

青檸鳳梨碎粒

16. 用水果刀將剩餘的鳳梨切成碎粒。保存在碗中。**17.** 在碗的上方將青檸檬皮刨碎，接著加入檸檬汁。用刮刀輕輕拌勻。

裝飾

18. 薩瓦蘭旦糕一冷卻就淋上無味透明鏡面果膠，以形成光澤。在中央鋪上青檸鳳梨碎粒，接著用裝有 14 號星形花嘴的擠花袋鋪上椰子打發乃油醬。在表面勻稱地擺上鳳梨片。**19.** 將百香果切半，收集果肉，為薩瓦蘭旦糕裝飾。

巧克力絕妙旦糕
MERVEILLEUX **AU CHOCOLAT**

🥄 1 小時　⏱ 1 小時　🍰 2 小時 10 分鐘　🧊 2 日

4 人份

蛋白霜

• 濃縮鷹嘴豆汁 65 克 • 糖粉 65 克

• 塔塔粉 2 克 • 可可脂含量 60% 的黑巧克力 25 克

• 可可脂 25 克

榛果醬

• 帶皮榛果 105 克 • 鹽之花 1 撮

香草打發乃油醬 LA CRÈME MONTÉE VANILLE

• 打發用植物性鮮奶油 125 克 • 1 根香草莢的籽

巧克力慕斯

• 可可脂含量 60% 的黑巧克力 112 克 • 植物奶 50 毫升

• 打發用植物性鮮奶油 200 克

巧克力刨花

• 可可脂含量 70% 的黑巧克力 200 克

特定用具

• 裝有 12 號圓口花嘴的擠花袋 • 烘焙刷 • 電動攪拌機

• 直徑 12 公分的不鏽鋼法式塔圈 • 直徑 16 公分的不鏽鋼法式塔圈

• 玻璃紙卷 • 裝有 14 號圓口花嘴的擠花袋 • 煮糖溫度計

巧克力絕妙旦糕

....

蛋白霜：1. 將鷹嘴豆汁倒入電動攪拌機的攪拌缸中。裝上「打蛋器」的配件，攪打至形成結實質地。加入糖粉和塔塔粉。**2.** 用裝有 12 號圓口花嘴的擠花袋，擠出直徑約 12 公分的蛋白霜圓餅。**3.** 入烤箱以 100℃烤 2 小時（將烤盤擺在烤箱底部）。**4.** 在平底深鍋中，將弄碎成小塊的巧克力和可可脂加熱至融化。**5.** 蛋白霜一烤好並冷卻，用烘焙刷為兩面刷上巧克力。預留備用。

榛果醬：6. 用烤箱以 170℃烘焙榛果 10 分鐘。**7.** 放入電動攪拌機，並加入鹽之花。攪打至形成平滑有光澤的糊狀。**8.** 將這料糊倒入直徑 12 公分的法式塔圈，冷凍保存。

香草打發乃油醬：9. 為電動攪拌機裝上「打蛋器」的配件，在攪拌缸中放入冷凍的植物性鮮奶油，攪打 15 分鐘左右。**10.** 將植物性鮮奶油和香草籽打發。冷藏保存，讓乃油醬變得結實。

巧克力慕斯：11. 為電動攪拌機裝上「打蛋器」的配件，在攪拌缸中放入冷凍的植物性鮮奶油，攪打 15 分鐘左右。**12.** 在這段時間，將黑巧克力連同植物奶一起隔水加熱至融化。預留備用。**13.** 將植物性鮮奶油打發，混入融化的巧克力。冷藏保存，讓乃油醬變得結實。

組裝：14. 將直徑 16 公分的慕斯圈擺在圓形旦糕紙托或盤子上。在慕斯圈內鋪上一條玻璃紙。**15.** 將 2/3 的香草打發乃油醬倒入慕斯圈底部。用金屬刮刀將乃油醬抹至邊緣。**16.** 擺上第一塊蛋白霜圓餅，輕輕按壓。**17.** 用裝有 14 號圓口花嘴的擠花袋擠上少許巧克力慕斯，並擺上冷凍的榛果醬內餡。**18.** 加上少許巧克力慕斯。輕輕按壓。用巧克力慕斯填滿。用刮刀抹平。**19.** 蓋上香草打發乃油醬，抹平。冷藏保存約 1 小時。

巧克力刨花：20. 將巧克力隔水加熱至融化，並加熱至 50 至 55℃。用煮糖溫度計控管溫度。**21.** 將平底深鍋浸入裝滿冰塊的容器中，一邊用刮刀攪拌。**22.** 在巧克力達 28℃時，再隔水加熱至 30℃。**23.** 用刮刀在冷藏的表面或不鏽鋼烤盤上鋪上薄薄一層巧克力。**24.** 將巧克力切成菱形，用主廚刀朝自己的方向將巧克力刮起。

裝飾：25. 將旦糕從冰箱中取出，脫模，移去玻璃紙帶。**26.** 用巧克力刨花為絕妙旦糕進行裝飾。

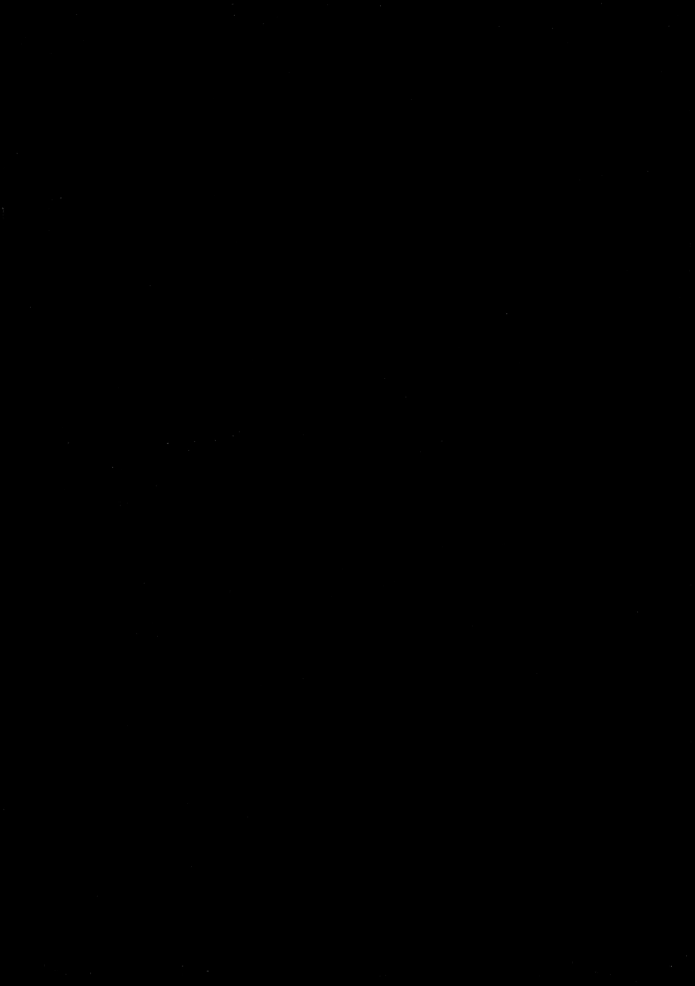

旦糕類

LES CAKES

楓糖漿栗子香料麵包
PAIN D'ÉPICES À LA CHÂTAIGNE ET SIROP D'ÉRABLE

25 分鐘　　40 分鐘至 45 分鐘

以保鮮膜保存 4 日

8 人份

- 植物奶 250 毫升 • 薑粉 1/2 小匙

- 肉桂粉 1/2 小匙 • 茴香粉 1/4 小匙 • 小豆蔻粉 1/4 小匙

- 綜合四香粉（MÉLANGE QUATRE-ÉPICES）1/4 小匙

- 楓糖漿 50 克

- T45（低筋）麵粉 250 克 • 栗粉 75 克 • 紅糖 165 克

- 橄欖油 2 大匙 • 泡打粉 1 包 • 小蘇打粉 1/2 小匙

- 鹽之花 1 撮 • 檸檬汁 1 大匙

特定用具

20 公分的長方形旦糕模（MOULE À CAKE）

1. 在平底深鍋中倒入植物奶、香料和楓糖漿。以小火加熱，離火後靜置浸泡。

2. 在沙拉碗中攪拌其他材料，倒入植物奶，用刮刀攪拌。

3. 將備料倒入預先刷上植物性人造奶油或油的長方形旦糕模中。

4. 入烤箱以 180℃烤 45 至 50 分鐘。

5. 趁熱脫模，用保鮮膜將香料麵包包起，以保存水分，才能保持柔軟。

磅旦糕
QUATRE-QUARTS

🥄 25 分鐘　⏱ 50 分鐘至 1 小時

🧊 以保鮮膜保存 4 日

8 人份

- 金砂糖 250 克
- 原味植物性優格 250 克
- 檸檬汁 1 大匙
- 1 根香草莢的籽
- T45（低筋）麵粉 250 克
- 關華豆膠 1/2 小匙
- 小蘇打粉 1/2 小匙
- 泡打粉（POUDRE À LEVER）10 克
- 融化的植物性人造奶油 150 克
- 鹽之花 1 撮
- 棕色蘭姆酒 3 大匙（非必要）

特定用具

20 公分的長方形旦糕模（MOULE À CAKE）

1. 在沙拉碗中攪拌糖和優格。

2. 加入檸檬汁、香草籽，接著是麵粉、關華豆膠、小蘇打粉和泡打粉。

3. 倒入融化的人造奶油，加入鹽之花，最後可加入蘭姆酒。

4. 為長方形旦糕模刷上人造奶油或葵花油。倒入備料，入烤箱以 200℃ 烤 50 分鐘至 1 小時。

檸檬旦糕
CAKE AU CITRON

 1 小時　　40 分鐘至 50 分鐘

以保鮮膜保存 4 日

6 人份

- 金砂糖 280 克
- 原味植物性優格 250 克
- 有機檸檬皮 1 顆
- T45（低筋）麵粉 250 克
- 有機檸檬汁 80 克
- 葵花油 100 克
- 泡打粉 1 包
- 小蘇打粉 1/4 小匙
- 關華豆膠 1/4 小匙
- 鹽 1 撮

特定用具

22 公分的長方形旦糕模

1. 在沙拉碗中攪拌糖和優格。
2. 加入檸檬皮和麵粉，用打蛋器拌勻。
3. 混入檸檬汁和油。
4. 最後加入泡打粉、小蘇打粉、關華豆膠和鹽。
5. 為長方形旦糕模刷上人造奶油或油。入烤箱以 180℃烤 40 至 50 分鐘。
6. 在檸檬旦糕冷卻時脫模。

香草巧克力大理石旦糕
CAKE MARBRÉ CHOCOLAT-VANILLE

這道容易製作的大理石旦糕，由香草和可可味的旦糕體層疊而成，是理想的點心選擇。表面覆以黑巧克力鏡面，再疊上焦糖榛果，柔軟可口。

🥄 1 小時　⏱ 30 分鐘　📉 50 分鐘至 1 小時

6 人份

香草麵糊 L'APPAREIL À LA VANILLE

- 葵花油 70 克
- 金砂糖 160 克 • 1 根香草莢的籽 • 鹽 1 撮
- 原味植物性優格 30 克
- T45（低筋）麵粉 140 克 • 泡打粉 5 克 • 小蘇打粉 1/4 小匙
- 關華豆膠 1/4 小匙
- 植物性液態鮮奶油 110 毫升

巧克力麵糊 L'APPAREIL AU CHOCOLAT

- 葵花油 70 克 • 金砂糖 160 克
- 鹽 1 撮 • 原味植物性優格 30 克 • T45（低筋）麵粉 120 克
- 泡打粉 5 克 • 小蘇打粉 1/4 小匙
- 關華豆膠 1/4 小匙 • 苦甜可可粉 20 克
- 植物性液態鮮奶油 110 毫升

焦糖榛果 LES NOISETTES CARAMÉLISÉES

- 水 12 毫升 • 金砂糖 40 克 • 整顆榛果 60 克

鏡面

- 可可脂含量 70% 的黑巧克力 150 克 • 植物性液態鮮奶油 250 克

特定用具

• 裝有花嘴的擠花袋 •20 公分的長方形旦糕模 • 煮糖溫度計

香草巧克力大理石旦糕

香草麵糊

1. 在容器中攪拌油、糖、香草籽和鹽。

2. 加入優格,接著混入麵粉、泡打粉、小蘇打粉和關華豆膠,最後再加入植物性鮮奶油。用打蛋器拌勻。應形成平滑無結塊的麵糊。

3. 保存在裝有花嘴的擠花袋中。

巧克力麵糊

4. 在容器中攪拌油、糖和鹽。

5. 加入優格,接著混入麵粉、泡打粉、小蘇打粉、關華豆膠和可可粉,最後再加入植物性鮮奶油。用打蛋器拌勻。應形成平滑無結塊的麵糊。

6. 保存在裝有花嘴的擠花袋中。

大理石花紋 LE MARBRAGE

7. 為長方形旦糕模刷上油或人造奶油。

8. 在模型中央擠上一條香草麵糊,接著在正上方加上一條巧克力麵糊。

9. 持續輪流擠上兩種麵糊。在疊上新麵糊層的同時,麵糊會逐漸在模具中擴散開來。

10. 將模具對著工作檯輕敲,讓麵糊均勻鋪開。

11. 入烤箱以 180℃烤 50 分鐘至 1 小時。

焦糖榛果

12. 在平底深鍋中倒入水,接著是糖。煮至 116℃。

13. 加入榛果,攪拌至榛果被糖所包覆。持續煮 5 至 10 分鐘,直到形成金黃色焦糖。

14. 將焦糖榛果擺在烤盤墊上,放涼。

15. 約略壓碎。

鏡面

16. 為大理石旦糕脫模,冷凍保存。

17. 將黑巧克力隔水加熱至融化。

18. 在這段時間,將植物性鮮奶油煮沸。

19. 將煮沸的鮮奶油分 3 次倒入融化的巧克力中,用刮刀繞小圈拌勻。

香草巧克力大理石旦糕

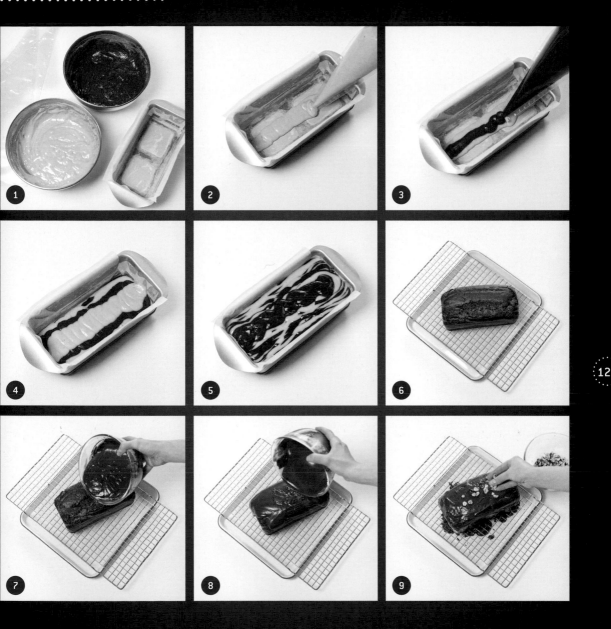

最後修飾

20. 將旦糕從冷凍庫中取出，擺在湯盤上，並放在網架上。

21. 將鏡面淋在整個旦糕上。如有需要，可來回淋上鏡面，以填補空隙。可用刮刀抹平。

22. 撒上焦糖榛果。

23. 將旦糕擺在餐盤中，讓鏡面冷藏凝固 30 分鐘。

糖漬水果旦糕

CAKE AUX FRUITS CONFITS

🥄 1 小時　⏱ 12 小時　📈 1 小時至 1 小時 10 分鐘

🧊 以保鮮膜保存 4 日

6 人份

- 斯密爾那（SMYRNE）葡萄乾 100 克・科林斯（CORINTHE）葡萄乾 70 克
- 棕色蘭姆酒 250 毫升・糖漬杏桃 60 克・糖漬李子 60 克・糖漬甜瓜 100 克
- 帶皮榛果 30 克・軟化的人造奶油 200 克
- 蔗糖 150 克・大豆優格 150 克・T45（低筋）麵粉 200 克
- 泡打粉 1 包・鹽 1 撮・玉米澱粉 100 克
- 檸檬汁 1 大匙・小蘇打粉 1/4 小匙・關華豆膠 1/2 小匙
- 無味透明鏡面果膠或杏桃果醬 100 克

特定用具

20 至 22 公分的長方形旦糕模
烘焙刷

1. 前一天，用棕色蘭姆酒浸泡斯密爾那和科林斯葡萄乾。

2. 將糖漬水果切成邊長約 1 公分的小丁。

3. 將榛果約略弄碎。

4. 在容器中，用打蛋器攪拌人造奶油和糖。

5. 加入優格、麵粉、泡打粉、鹽和玉米澱粉。

6. 加入檸檬汁、小蘇打粉和關華豆膠。

7. 加入糖漬水果和瀝乾的葡萄乾。

8. 預先為長方形旦糕模刷上植物性人造奶油或油，在旦糕模中倒入麵糊。

9. 入烤箱以 200℃烤 1 小時至 1 小時 10 分鐘。

10. 將旦糕放至微溫後脫模。

11. 用烘焙刷刷上中性鏡面果膠或果醬。

糖漬柳橙巧克力旦糕
CAKE AU CHOCOLAT ET À L'ORANGE CONFITE

40 分鐘　　50 分鐘至 1 小時

以保鮮膜保存 4 日

6 人份旦糕

• 糖漬橙皮 250 克 • 柑曼怡香橙干邑香甜酒（GRAND MARNIER）
150 毫升 • 軟化的植物性人造奶油 200 克 • 金砂糖 250 克
• 植物性優格 250 克 • T45（低筋）麵粉 250 克 • 苦甜可可粉 60 克
• 泡打粉 10 克 • 檸檬汁 1 大匙 • 關華豆膠 1/4 小匙 • 小蘇打粉 1/4 小匙

裝飾

• 無味透明鏡面果膠 • 柳橙 1 顆

特定用具

**22 公分的長方形旦糕模
烘焙刷**

旦糕

1. 將柳橙皮切成小丁。在裝有柑曼怡香橙干邑香甜酒的容器中浸泡柳橙皮。
2. 在容器中攪打人造奶油和金砂糖。
3. 加入優格、麵粉、可可、泡打粉、檸檬汁、關華豆膠和小蘇打粉。
4. 在將麵糊攪打至均勻時，加入瀝乾的橙皮小丁。
5. 為長方形旦糕模刷上人造奶油，倒入麵糊。
6. 入烤箱以 180℃烤 50 分鐘至 1 小時。
7. 出爐後，在網架上脫模。

裝飾

8. 用烘焙刷為旦糕鋪上無味透明的鏡面果膠。
9. 用柳橙薄片裝飾。

塔派類

LES TARTES

蘋果塔

TARTE **AUX POMMES**

🥄 45 分鐘　🕐 1 小時　📉 40 分鐘　🧊 2 日

6 人份

• 杏仁乃油醬：見第 63 頁

杏仁甜酥塔皮：見第 34 頁

蘋果果漬：• 蘋果 3 顆 • 金砂糖 20 克

• 檸檬汁 1 大匙 • 香草莢 1 根

• 肉桂粉 1/3 小匙

蘋果：• 金冠蘋果 3 至 4 顆 • 檸檬汁 1/2 顆

鏡面果膠糖漿 LE SIROP DE NAPPAGE：• 水 100 克 • 金砂糖 100 克

特定用具

• 擀麵棍 • 直徑 20 公分的法式塔圈
• 裝有 10 號圓口花嘴的擠花袋 • 蘋果去核器 • 烘焙刷

杏仁乃油醬：1. 製作乃油醬（見第 63 頁）。

杏仁甜酥塔皮：2. 製作塔皮（見第 34 頁）。

3. 用裝有 10 號圓口花嘴的擠花袋，在塔底擠上杏仁乃油醬。冷藏保存。

蘋果果漬：4. 在平底深鍋中，將所有材料一起熬煮成果漬。**5.** 用手持電動攪拌棒攪打所有材料。冷藏保存。

蘋果：6. 將蘋果削皮，用蘋果去核器挖去果核。**7.** 切半，接著將每半顆蘋果從寬邊切成薄片。**8.** 在沙拉碗中，用檸檬汁攪拌蘋果薄片，這可防止蘋果氧化。

組裝：9. 將蘋果果漬鋪在杏仁乃油醬上。**10.** 沿著塔的邊緣排上一排的蘋果薄片。形成第一個圓花飾。**11.** 用蘋果碎片將中央填滿。**12.** 在表面擺上蘋果薄片，形成和第一個圓花飾反向的圓花飾。**13.** 就這樣持續排列至塔的中央。入烤箱以 180℃ 烤 40 分鐘。

鏡面果膠糖漿：14. 在平底深鍋將水和金砂煮沸。**15.** 在塔烤好時，用烘焙刷刷上糖漿，形成光澤。

反烤蘋果塔

TARTE TATIN

🥄 30 分鐘　⏲ 30 分鐘　🍳 1 小時 15 分鐘　🧊 2 日

6 人份

油酥塔皮 LA PÂTE BRISÉE

見 33 頁

配料

• 同樣大小的金冠蘋果 8 顆 • 檸檬 1/2 顆 • 植物性人造奶油 100 克
• 香草莢 1 根 • 金砂糖 100 克

特定用具

直徑 22 公分的模型

油酥塔皮

1. 依照 33 頁指示製作塔皮。

配料

2. 為蘋果削皮。長邊切半,挖去果核。
3. 為半顆蘋果擦上檸檬,以免蘋果變黑。
4. 將人造奶油切塊。用刀將香草莢剖開成兩半。刮取內部,以收集香草籽。
5. 以大火加熱模型。加入糖,煮成焦糖。將模型朝各個方向傾斜,讓糖能夠均勻烹煮。在形成棕色時,一次加入切塊的人造奶油。
6. 離火後預留備用,並加入香草籽。

組裝

7. 將切半蘋果垂直擺在模型周圍,形成圓花飾。在中央擺上半顆蘋果,鼓起面朝下。將剩餘的蘋果切塊,填滿空隙。撒上糖。
8. 將油酥塔皮擀至 3 至 4 公釐厚,且直徑同模型大小的圓餅,接著擺在蘋果上。
9. 入烤箱以 170°C 烤 1 小時 15 分鐘。
10. 趁熱為塔脫模至高邊模型中,以收集烘烤湯汁。

藍莓塔
TARTE AUX MYRTILLES

🥣 45 分鐘　⏲ 30 分鐘　🍳 50 分鐘　🧊 2 日

6人份

杏仁甜酥塔皮

見 34 頁

藍莓配料 GARNITURE MYRTILLE

• 新鮮（或冷凍）藍莓 300 克 • 金砂糖 50 克

• 馬鈴薯澱粉 15 克

奶酥 LE CRUMBLE

• 金砂糖 50 克 • 白杏仁粉 50 克

• T45（低筋）麵粉 50 克 • 椰子油 50 克

特定用具

• 擀麵棍 • 直徑 20 公分的法式塔圈

杏仁甜酥塔皮：1. 依照 34 頁指示製作塔皮。

藍莓配料：2. 如果你使用的是新鮮藍莓，請用水沖洗，並用吸水紙擦乾。如果你使用的是冷凍藍莓，請在前一天解凍，並用吸水紙擦乾。**3.** 在容器中攪拌藍莓、糖和馬鈴薯澱粉。

奶酥：4. 在容器中攪拌乾料。**5.** 混入融化的椰子油，用指尖攪拌，形成沙狀質地。

組裝：6. 用叉子在塔底戳洞。**7.** 加入藍莓，接著是奶酥。**8.** 入烤箱以 175℃烤 40 分鐘，接著繼續以 150℃烤 10 分鐘。

草莓塔
TARTE AUX FRAISES

🥣 45 分鐘　⏱ 2 小時 30 分鐘　🍳 15 至 20 分鐘　🧊 2 日

6人份

香草穆斯林乃油醬

見 59 頁（1/4 公升的乃油醬）

香草酥餅 LE SABLÉ VANILLE

• 杏仁粉 200 克 • 蔗糖 100 克

• T45（低筋）麵粉 100 克 • 馬鈴薯澱粉 100 克

• 軟化的人造奶油 160 克 • 香草精 1 大匙

配料

• 新鮮草莓 700 克

特定用具

• 擀麵棍 • 直徑 20 公分的法式塔圈
• 裝有 10 號圓口花嘴的擠花袋

香草穆斯林乃油醬：1. 製作乃油醬（見第 59 頁）。冷藏保存。

香草酥餅：2. 在容器中放入所有乾料。拌勻。**3.** 加入常溫的人造奶油和香草精。用刮刀或用手拌勻。**4.** 將麵糊揉成團狀。用保鮮膜包起，冷藏保存至少 30 分鐘。**5.** 將麵團夾在兩張烤盤紙之間，用擀麵棍擀至 4 至 5 公釐的厚度。**6.** 用直徑 20 公分的法式塔圈裁出一張圓形餅皮。**7.** 將餅皮留在塔圈中，入烤箱以 180℃烤 15 至 20 分鐘。酥餅應烤成漂亮的金黃色。**8.** 出爐後，脫模，讓酥餅在工作檯上放涼。**9.** 在酥餅冷卻後，可稍微將酥餅的輪廓磨至平整。

組裝：10. 用裝有 10 號圓口花嘴的擠花袋，為酥餅擠上穆斯林乃油醬。**11.** 清洗草莓並去蒂。切半後鋪在塔上。

扶桑洋梨塔
TARTE AU POIRES À L'HIBISCUS

 45 分鐘　🕐 2 小時　📈 30 分鐘至 45 分鐘　🧊 2 日

6 人份

杏仁乃油醬：見第 63 頁

杏仁甜酥塔皮：見第 34 頁

扶桑洋梨 LES POIRES À L'HIBISCUS：• 水 500 毫升 • 乾燥的扶桑花 2 把
• 桑葚果泥 165 克 • 覆盆子果肉 330 克 • 世紀梨（COMICE）6 顆

扶桑果凝 LA GELÉE À L'HIBISCUS：• 燉煮用糖漿（SIROP DE POCHAGE）
250 克 • 金砂糖 50 克 • 洋菜 2 克

特定用具

• 擀麵棍 • 直徑 20 公分的法式塔圈
• 裝有 10 號圓口花嘴的擠花袋
• 漏斗型濾器

杏仁乃油醬：1. 製作乃油醬（見第 63 頁）。

杏仁甜酥塔皮：2. 依照 34 頁指示製作塔皮。**3.** 用裝有 10 號圓口花嘴的擠花袋，在塔底填入杏仁乃油醬。入烤箱以 180℃ 烤 30 至 40 分鐘。

扶桑洋梨：4. 在平底深鍋中將水和扶桑花煮沸。**5.** 離火，浸泡 30 分鐘。**6.** 用漏斗型濾器過濾，以濾去扶桑花。**7.** 將扶桑花浸泡液連同覆盆子果肉一起加熱。**8.** 為整顆洋梨削皮。從底部挖去部分果心。**9.** 在糖漿夠熱時，將洋梨完全浸泡在糖漿中。**10.** 蓋上鋁箔紙。在中央挖一個洞，讓蒸氣散出。以極小的火燉煮洋梨 30 至 40 分鐘。每 15 分鐘用刀尖確認熟度。果肉應軟化但仍結實。**11.** 將洋梨瀝乾。將洋梨從長邊切半，去掉果核，接著將每半顆洋梨從長邊切成 3 片。

扶桑果凝：12. 在平底深鍋中將糖漿、糖和洋菜煮沸，一邊用打蛋器攪拌。微滾 2 至 3 分鐘。**13.** 一邊用漏斗型濾器過濾，將液體倒在高邊烤盤（或旦糕模）中，形成 0.5 公分的厚度。冷藏保存 1 小時，讓液體凝固。

組裝：14. 從邊緣開始，將燉煮洋梨片擺在塔底。**15.** 用刀將扶桑果凝切成小丁，擺在洋梨上。

蛋白霜檸檬塔
TARTE AU CITRON MERINGUÉE

由酥脆的甜酥塔皮和微酸的檸檬乃油醬所組成的檸檬塔，是法式糕點的經典之作。可依個人喜好選擇要不要添加蛋白霜。

 50 分鐘   1 小時 30 分鐘 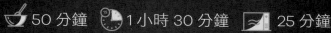 25 分鐘

🧊 冷藏可達 2 日

6 人份

檸檬乃油醬

- 有機檸檬 6 顆 • 水 200 毫升 • 金砂糖 200 克
- 玉米澱粉 104 克 • 薑黃粉 1 撮或純素黃色食用色粉
- 植物性人造奶油 150 克

杏仁甜酥塔皮

- 見 34 頁

蛋白霜

- 濃縮鷹嘴豆汁 100 克
- 糖粉 100 克
- 塔塔粉 2 克

. . . .

特定用具

擀麵棍
直徑 20 公分的法式塔圈
裝有聖多諾黑（SAINT-HONORÉ）花嘴的擠花袋
噴槍

蛋白霜檸檬塔

檸檬乃油醬

1. 將檸檬削皮並榨汁。將檸檬皮和檸檬汁放入平底深鍋中。

2. 加入水、糖、玉米澱粉和食用色粉,形成淡淡的黃色。

3. 以小火燉煮,一邊用打蛋器攪拌。備料應變稠且形成滑順的乃油醬。

4. 離火,加入切塊的人造奶油。用打蛋器拌勻。

5. 冷藏保存 1 小時,讓乃油醬冷卻。

杏仁甜酥塔皮

6. 依照 34 頁指示製作塔皮。

7. 鋪在直徑 20 公分的法式塔圈底部。用叉子在塔皮上戳洞。入烤箱以 180℃ 烤 25 分鐘。

預先組裝

8. 攪打冰涼的檸檬乃油醬。

9. 用裝有聖多諾黑花嘴的擠花袋,在塔底填入檸檬乃油醬。從邊緣開始,用金屬刮刀抹平。

蛋白霜

10. 為電動攪拌機裝上「打蛋器」的配件,以全速將攪拌缸中的鷹嘴豆汁攪打至形成結實質地。

11. 加入糖粉和塔塔粉,持續攪打至整體均勻。

12. 用裝有聖多諾黑花嘴的擠花袋,將蛋白霜擠在檸檬乃油醬上。

13. 將蛋白霜擺在烤箱的熱烤架下方幾秒鐘,將蛋白霜烤成金黃色,或是用噴槍將蛋白霜烤成金黃色。

蛋白霜檸檬塔

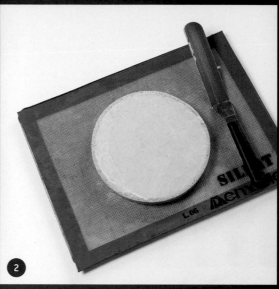

145

洋梨杏仁塔
TARTE **BOURDALOUE**

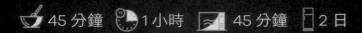

🥄 45 分鐘　⏱ 1 小時　▦ 45 分鐘　🧊 2 日

6 人份

見杏仁乃油醬：見第 63 頁

杏仁甜酥塔皮：見第 34 頁

燉洋梨 LES POIRES POCHÉES：• 世紀梨 3 顆 • 水 1 公升 • 金砂糖 250 克 •
香草莢 1 根 • 肉桂棒 1 根

配料：• 杏仁片

鏡面糖漿 SIROP DE NAPPAGE：• 水 100 克 • 金砂糖 100 克

特定用具

• 擀麵棍 • 直徑 20 公分的法式塔圈
• 裝有 10 號圓口花嘴的擠花袋 • 烘焙刷

製杏仁乃油醬：1. 製作乃油醬（見第 63 頁）。

杏仁甜酥塔皮：2. 製作塔皮（見第 34 頁）。

燉洋梨：3. 為洋梨削皮。**4.** 在平底深鍋中將水、糖、剖開並去籽的香草莢，以及肉桂棒煮沸。**5.** 燉煮洋梨約 20 分鐘。**6.** 將洋梨瀝乾，放涼。從長邊切半，挖去果核。

組裝：7. 用叉子在塔底戳洞。**8.** 用裝有 10 號圓口花嘴的擠花袋，在表面擠上一層約 2 公分厚的杏仁乃油醬。將切半洋梨從寬邊切成薄片，對稱地擺在杏仁乃油醬上。**10.** 撒上杏仁片，入烤箱以 180℃ 烤約 45 分鐘。鏡面果膠糖漿：**11.** 在平底深鍋將水和金砂煮沸。離火後預留備用。**12.** 在塔烤好時，用烘焙刷刷上糖漿，形成光澤。

咖啡塔
TARTE **AU CAFÉ**

🥄 1 小時　🕐 2 小時　🔪 25 至 30 分鐘　🗄 2 日

6 人份

杏仁乃油醬： 見第 63 頁

咖啡糖漿： • 水 60 毫升 • 金砂糖 20 克
• 即溶咖啡粉 1 大匙 • 威士忌 15 克（非必要）

杏仁甜酥塔皮： • 見 34 頁

咖啡巧克力甘那許： • 可可脂含量 60% 的黑巧克力 150 克
• 杏仁乃油醬 160 毫升 • 咖啡粉 18 克

咖啡打發乃油醬： • 打發用植物性鮮奶油 250 毫升
• 糖粉 10 克 • 濃縮咖啡精 5 克

裝飾： • 苦甜可可粉

特定用具

• 擀麵棍 • 直徑 20 公分的法式塔圈
• 裝有 10 號圓口花嘴的擠花袋 • 烘焙刷 • 漏斗型濾器
• 裝有 12 號圓口花嘴的擠花袋

杏仁乃油醬：1. 製作乃油醬（見第 63 頁）。

咖啡糖漿：2. 在平底深鍋中將水和糖煮沸。**3.** 離火，加入咖啡，且可加入威士忌。

杏仁甜酥塔皮：4. 依照 34 頁指示製作塔皮。**5.** 用叉子在塔底戳洞。用裝有 10 號圓口花嘴的擠花袋，在塔底填入杏仁乃油醬。**6.** 冷藏保存 30 幾分鐘，接著入烤箱以 180℃烤 25 至 30 分鐘。**7.** 出爐時，用烘焙刷為杏仁乃油醬刷上糖漿。

咖啡巧克力甘那許：8. 在沙拉碗中放入弄碎成小塊的巧克力。**9.** 在平底深鍋中將杏仁乃油醬煮沸。離火，加入咖啡。浸泡 2 分鐘，用漏斗型濾器過濾。**10.** 將乃油醬倒入巧克力中。用刮刀輕輕拌勻後，倒在塔底的奶油醬上。**11.** 冷藏保存約 30 分鐘，直到甘那許凝固。

咖啡打發乃油醬：12. 為電動攪拌機裝上「打蛋器」的配件，在攪拌缸中放入冷凍的植物性鮮奶油，攪打 15 分鐘左右。**13.** 將植物性鮮奶油連同糖粉一起打發，並加入濃縮咖啡精。**14.** 用裝有 12 號圓口花嘴的擠花袋，在甘那許上擠上打發乃油醬。撒上苦甜可可粉後享用。

濃情黑巧克力塔
TARTE AU CHOCOLAT NOIR INTENSE

🥄 45 分鐘　🕐 1 小時　▱ 25 分鐘　▯ 2 日

6 人份

| 杏仁甜酥塔皮 |

見 34 頁

| 巧克力甘那許 |

- 可可脂含量 70% 的黑巧克力 190 克
- 葡萄糖漿 15 克
- 椰子鮮奶油（CRÈME DE COCO）200 毫升

特定用具

- **擀麵棍** · **直徑 20 公分的法式塔圈**

杏仁甜酥塔皮

1. 依照 34 頁指示製作塔皮。
2. 用叉子在塔底戳洞，入烤箱以 180℃烤 25 分鐘。
3. 在塔底冷卻時脫模。

巧克力甘那許

4. 在沙拉碗中放入弄碎成小塊的黑巧克力和葡萄糖漿。
5. 在平底深鍋中將椰子鮮奶油煮沸，倒入巧克力中，用刮刀繞小圈輕輕拌勻。
6. 將甘那許倒入烤好的塔底。
7. 冷藏保存約 30 分鐘，直到甘那許凝固。

濃情黑巧克力塔

1

2

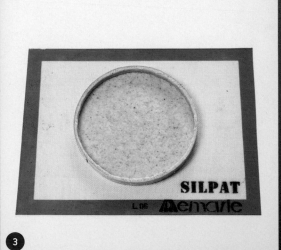

3

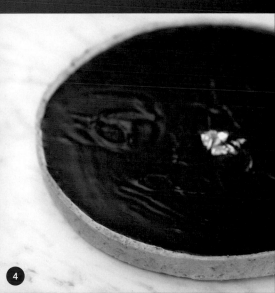

4

杏仁皇冠派

PITHIVIERS

杏仁皇冠派不同於國王烘餅，內餡是採用杏仁乃油醬，而非杏仁卡士達乃油醬。周圍的圓齒形為這道甜點賦予極具特色的外觀，很容易辨別。

45 分鐘　　2 小時　　45 分鐘

冷藏可達 2 日

6人份

| 千層派皮 |
見 30 頁

| 杏仁乃油醬 |
見 63 頁
蘭姆酒 5 克（非必要）

| 植物性蛋液 |
• 植物奶 50 毫升
• 金砂糖 50 克

| 鏡面糖漿 |
• 水 100 毫升
• 金砂糖 100 克

特定用具

• 擀麵棍
• 邊長 18 公分的方形壓模
• 裝有 10 號圓口花嘴的擠花袋
• 烘焙刷
• 裝有 14 號圓口花嘴的擠花袋或
• 槽型壓模

❦

杏仁皇冠派

. . . .

千層派皮

. . . .

1. 依照 30 頁指示製作塔皮。

杏仁乃油醬

. . . .

2. 依照 63 頁指示製作乃油醬。可在製作完成時加入 5 克的蘭姆酒。

組裝

. . . . . .

3. 將千層派皮擀至形成 60×30 公分且約 3 公釐厚的長方形。

4. 將派皮切半,形成 2 個 30×30 公分的正方形。

5. 用邊長 18 公分的壓模,在第一片正方形派皮中央壓出方形的標記。

6. 用裝有 10 號圓口花嘴的擠花袋,在方形標記中央擠出螺旋形的杏仁乃油醬,並在周圍留下 1 公分的空間。用烘焙刷在周圍刷上水。

7. 將第二塊正方形派皮擺在杏仁乃油醬,同時擠出所有氣泡。在杏仁乃油醬周圍輕輕按壓,讓派皮邊緣黏合。在表面擺上邊長 18 公分的壓模,為派皮壓出標記。

8. 蓋上保鮮膜,冷藏保存 30 分鐘。

9. 用槽型壓模或按照 14 號花嘴的輪廓,在派皮邊緣製作杏仁皇冠派的特色花形。

10. 攪拌植物奶和糖,以製作蛋液。用烘焙刷為杏仁皇冠派刷上這混料。

11. 用水果刀在杏仁皇冠派表面劃出漂亮的條紋。戳 3 個洞。入烤箱以 180℃烤 45 分鐘。

12. 在這段時間,製作鏡面糖漿。在平底深鍋將水和糖煮沸,離火後預留備用。

13. 出爐後,趁杏仁皇冠派還熱騰騰時,用烘焙刷刷上糖漿。

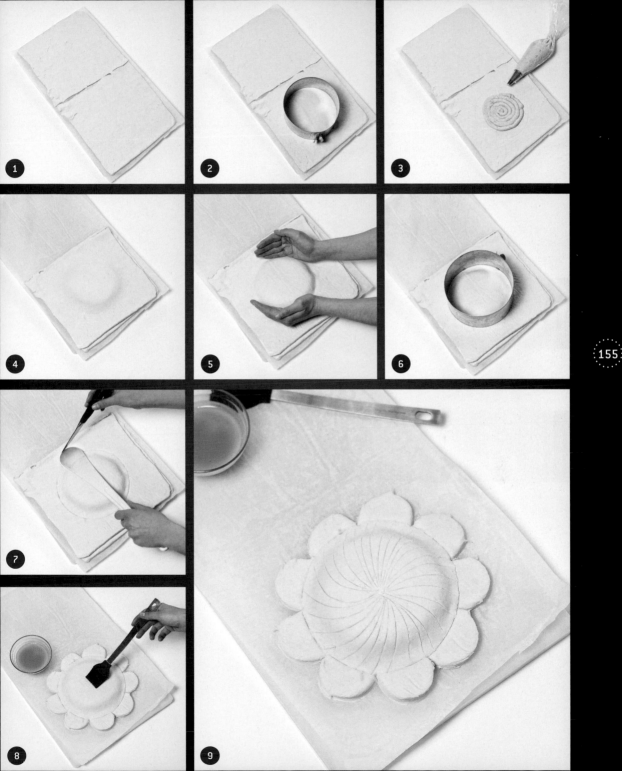

杏仁卡士達國王烘餅
GALETTE DES ROIS À LA FRANGIPANE

🥣 45 分鐘　🕐 3 小時 30 分鐘　🍳 45 分鐘　🧊 2 日

6 人份

千層派皮： 見 30 頁

杏仁卡士達乃油醬 LA FRANGIPANE： • 杏仁乃油醬（見第 63 頁）
• 香草卡士達乃油醬（見 54 頁）• 苦杏精 1/2 小匙

植物性蛋液： • 植物奶 50 毫升 • 金砂糖 50 克

鏡面糖漿： • 水 100 毫升 • 金砂糖 100 克

· · · · · · · · · · · · ·

特定用具

• 擀麵棍 • 直徑 20 公分的壓模
• 裝有 10 號圓口花嘴的擠花袋 • 豆子 1 顆和皇冠 1 個 • 烘焙刷

千層派皮：1. 依照 30 頁指示製作塔皮。

杏仁卡士達乃油醬：2. 製作杏仁乃油醬（見第 63 頁）。**3.** 製作卡士達乃油醬（見 54 頁）。**4.** 在卡士達乃油醬冷卻時，用打蛋器攪拌。取 200 克的卡士達乃油醬，混入杏仁乃油醬。加入苦杏精，冷藏保存。

組裝：5. 將充分冷卻的千層派皮擀成約 3 公釐厚的長方形。**6.** 用壓模裁出 2 片直徑 20 公分的派皮。冷藏保存 30 分鐘，勿過度處理，以免變形。**7.** 用裝有 10 號圓口花嘴的擠花袋，在 1 張圓形派皮上擠出螺旋形的杏仁卡士達乃油醬，並在周圍留下 1 公分的空間。將豆子朝烘餅外擺放，將豆子輕輕塞入杏仁卡士達乃油醬中。用烘焙刷在派皮周圍刷上水。**8.** 將第二片千層派皮圓餅擺在杏仁卡士達乃油醬上，同時擠出所有氣泡。在周圍輕輕按壓，讓派皮邊緣黏合。

裝飾：9. 在植物奶中拌入少許糖，以製作蛋液。用烘焙刷刷在烘餅上。**10.** 用水果刀在烘餅表面劃出漂亮的條紋。戳 3 個洞。**11.** 為直徑 20 公分的壓模刷上植物性人造奶油，接著擺在烘餅上。去掉可能多餘的餅皮。**12.** 連同壓模一起，入烤箱以 180℃烤 45 分鐘；這可讓烘餅均勻膨脹。**13.** 在這段時間，製作鏡面糖漿。在平底深鍋將水和糖煮沸。離火後預留備用。**14.** 出爐時，趁熱用烘焙刷為烘餅刷上糖漿。

布丁、布丁派
和乳製甜點

LES CRÈMES, FLANS
ET DESSERTS LACTÉS

香草香豆烤布蕾
CRÈME BRÛLÉE **VANILLE-TONKA**

由平滑的香草乃油醬和焦糖餡料組成的烤布蕾是法式小酒館的經典之作。用這道無須烘烤的簡單配方製作出超酥脆又入口即化的烤布蕾，擄獲你的心。

🥣 45 分鐘　⏱ 1 小時　🧊 2 日

4人份

乃油醬

- 香草莢 1 根 • 杏仁奶 200 毫升
- 杏仁乃油醬或米布丁 400 毫升 • 零陵香豆 1 顆
- 金砂糖 100 克 • 卡士達粉 2 大匙 • 洋菜 2 克

酥脆焦糖

- 金砂糖 30 克

特定用具

• **烤盅（RAMEQUINS）4 個 • 噴槍**

1. 用水果刀將香草莢剖半。刮取內部，以收集香草籽。

2. 在平底深鍋中將杏仁奶、杏仁乃油醬、香草莢和籽、預先刨碎的零陵香豆、糖、卡士達粉和洋菜煮沸，持續以中火微滾 2 至 3 分鐘，將香草莢撈出。

3. 將麵糊倒入 4 個烤盅，冷藏保存 1 小時，讓乃油醬凝固。

4. 撒上金砂糖，用噴槍烤成焦糖。

香草香豆烤布蕾
· · · · · · · · · · · · · ·

布丁派

FLAN

 45 分鐘　🕐 1 小時 30 分鐘　📟 30 至 40 分鐘　🔲 2 日

6人份

| 油酥塔皮 |

• 見 33 頁

| 布丁派 |

• 香草莢 1 根 • 豆漿 750 毫升

• 豆乳鮮奶油（CRÈME DE SOJA）90 毫升

• 金砂糖 250 克 • 植物性人造奶油 100 克

• 卡士達粉 40 克 • 馬鈴薯澱粉 40 克 • 洋菜 3 克

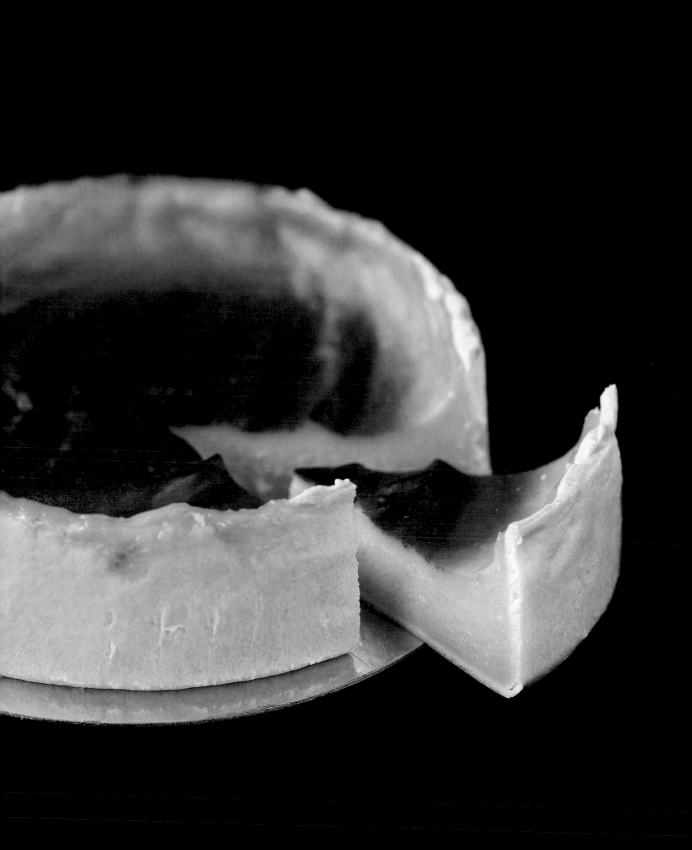

布列塔尼布丁旦糕
FAR **BRETON**

🥄 45 分鐘　⏲ 30 分鐘　📟 40 分鐘　🗊 2 日

6 人份

- 香草莢 1 根
- 植物奶 800 毫升
- 金砂糖 125 克
- 麵粉 125 克
- 卡士達粉 30 克
- 融化的植物性人造奶油 25 克 + 塗抹模具使用
- 棕色蘭姆酒 30 毫升
- 去核黑棗 350 克

特定用具

29 × 23 公分的焗烤盤

1. 用刀將香草莢剖開成兩半，刮取內部，以收集香草籽。

2. 在果汁機中放入香草籽，以及櫻桃以外的其餘食材，攪打至形成平滑的麵糊。

3. 為 29×23 公分的焗烤盤刷上植物性人造奶油，鋪上黑棗，倒入麵糊。

4. 入烤箱以 180℃烤 40 分鐘。

5. 冷藏保存約 30 分鐘後再享用。

克拉芙緹
CLAFOUTIS

🥣 45 分鐘　　🕐 35 至 40 分鐘　　📟 30 分鐘

🧊 2 日

| 6 人份 |

- 香草莢 1 根
- 植物奶 330 毫升
- 金砂糖 120 克
- 玉米澱粉 85 克
- 卡士達粉 10 克
- 白杏仁粉 50 克
- 融化的植物性人造奶油 25 克 + 模具用油
- 去核櫻桃 600 克

. . . .

特定用具

26×16 公分的焗烤盤

1. 用刀將香草莢剖開成兩半，刮取內部，以收集香草籽。

2. 在果汁機中放入香草籽，以及櫻桃以外的其餘食材。應形成平滑無結塊的麵糊。

3. 為 26×16 公分的焗烤盤刷上植物性人造奶油。鋪上櫻桃，倒入克拉芙緹麵糊。

4. 入烤箱以 200℃烤 35 至 40 分鐘。

5. 冷藏保存約 30 分鐘後再享用。

蘭姆葡萄小麥布丁旦糕
GÂTEAU DE SEMOULE RHUM-RAISIN

來自童年記憶的小麥旦糕是一種清爽的甜點，帶有焦糖和葡萄乾的味道，並以蘭姆酒調味。無需烘烤，這是一種非常容易製作的甜點。

🥄 30 分鐘　⏱ 1 小時　🧊 2 日

6人份

小麥旦糕 LE GÂTEAU DE SEMOULE

• 葡萄乾 150 克

棕色蘭姆酒 100 毫升

香草莢 1 根

杏仁奶 1 公升

金砂糖 100 克

粗粒小麥粉（SEMOULE DE BLÉ）150 克

焦糖

• 金砂糖 100 克

特定用具

• 夏洛特旦糕模（MOULE À CHARLOTTE）

蘭姆葡萄小麥布丁旦糕

1. 在容器中，用蘭姆酒浸泡葡萄乾。

2. 在這段時間，製作焦糖。在平底深鍋中將糖加熱至融化，不要攪拌。在焦糖變為深金色時，倒入夏洛特旦糕模。放涼後冷藏。

3. 用刀將香草莢剖開成兩半。刮取內部，以收集香草籽。

4. 在平底深鍋中將杏仁奶、糖、香草莢和香草籽煮沸。混料一煮沸，就將香草莢撈出，逐量加入小麥粉，一邊用打蛋器攪拌。以小火煮 5 至 10 分鐘，直到麵糊變得濃稠。

5. 離火，加入預先瀝乾的葡萄乾。攪拌並全部倒入夏洛特旦糕模中，倒在焦糖上。

6. 冷藏保存 1 小時。脫模後品嚐。

椰奶米布丁

RIZ AU **LAIT DE COCO**

20 分鐘　20 至 30 分鐘　2 日

4 人份

- 香草莢 1 根
- 椰奶 1 公升
- 金砂糖 150 克
- 圓米 200 克

特定用具

烤盅 4 至 6 個

1. 用刀將香草莢剖開成兩半。刮取內部，以收集香草籽。

2. 在平底深鍋中將椰奶、糖、香草莢和香草籽煮沸。

3. 將鍋子離火，再浸泡 15 分鐘。

4. 將香草莢撈出，將米泡在浸泡椰漿中，以小火煮 25 至 30 分鐘。留意烹煮狀況：米應煮軟。將米布丁放入迷你烤盅。冷藏保存。

浮島

ÎLE FLOTTANTE

🥄 20 分鐘　🕙 12 小時　🍽 3 至 5 分鐘　🧊 2 日

4 人份

英式乃油醬

• 見 66 頁

果仁糖 LE PRALIN

• 金砂糖 45 克 • 水 45 毫升
• 碎榛果 60 克 • 碎杏仁 60 克

泡沫狀蛋白 LES BLANCS EN NEIGE

• 濃縮鷹嘴豆汁 120 克 • 糖粉 65 克
• 塔塔粉 2 克

特定用具

• 擀麵棍 • 4 公分的半球形模 8 個

英式乃油醬：1. 依照 66 頁指示製作英式乃油醬。冷藏保存。

果仁糖：2. 在平底深鍋將糖和水煮沸。**3.** 加入榛果和杏仁。用刮刀拌勻，讓堅果被糖漿包覆。**4.** 將混料鋪在烤盤上，入烤箱以 180℃烤 5 至 10 分鐘。混料應烤成金黃色。**5.** 堅果烤成焦糖並冷卻後，放入冷凍袋，用擀麵棍敲碎。

泡沫狀蛋白：6. 用裝有「打蛋器」配件的電動攪拌機將鷹嘴豆汁打發。攪打至質地結實後，加入糖粉和塔塔粉。**7.** 為 8 個半球形模刷上少量油。用湯匙填入泡沫狀蛋白，接著用刮刀抹平。**8.** 入烤箱以 180℃烤 3 至 5 分鐘。放涼，為泡沫狀蛋白輕輕脫模，冷藏保存。

擺盤：9. 將英式乃油醬倒入湯盤中。**10.** 組裝 2 個半球形泡沫狀蛋白，接著滾上果仁糖。**11.** 擺在餐盤上。

黑巧克力慕斯

MOUSSE AU **CHOCOLAT NOIR**

🥄 20 分鐘　📟 2 小時　🧊 2 日

6 人份

- 可可脂含量 60% 的黑巧克力 200 克
- 濃縮鷹嘴豆汁 180 克

1. 將黑巧克力隔水加熱至融化。用刮刀輕輕攪拌，形成平滑的糊狀。離火後預留備用。

2. 為電動攪拌機裝上「打蛋器」的配件，將攪拌缸中的鷹嘴豆汁攪打至形成結實質地。

3. 用刮刀輕輕將 1/3 打發的鷹嘴豆汁混入巧克力中，接著再逐量加入剩餘的鷹嘴豆汁，一邊將備料輕輕提起，將巧克力拌勻。

4. 將慕斯分裝至 6 個玻璃杯中。冷藏保存至少 2 小時。

黑巧克力慕斯

馬卡龍
LES MACARONS

鹹焦糖巧克力馬卡龍
MACARONS CHOCOLAT-CARAMEL SALÉ

🥣 40 分鐘　⏱ 15 分鐘　📊 30 分鐘　🧊 2 日

40顆馬卡龍

馬卡龍餅殼 LES COQUES À MACARONS

- 見 42 頁
- 無糖可可粉 2 大匙

鹹焦糖 LE CARAMEL SALÉ

- 見 52 頁

甘那許

- 黑巧克力 250 克 • 植物性鮮奶油 125 毫升

特定用具

- 網篩 • 煮糖溫度計 • 馬卡龍烤墊
- 裝有 10 號和 8 號圓口花嘴的擠花袋

馬卡龍餅殼：1. 依照 42 頁指示製作馬卡龍餅殼，在杏仁粉和糖粉的混料中加入過篩的可可粉。

鹹焦糖：2. 依照 52 頁指示製作鹹焦糖，冷藏保存。

甘那許：3. 將巧克力和植物性鮮奶油一起隔水加熱至融化。**4.** 保存在常溫下。

組裝：5. 在裝有 10 號圓口花嘴的擠花袋中填入巧克力甘那許，並在裝有 8 號圓口花嘴的擠花袋中填入鹹焦糖。**6.** 為一半的餅殼鋪上巧克力甘那許，在中央鋪上焦糖。**7.** 蓋上另一半的餅殼，同時注意大小的搭配。

黑巧克力馬卡龍
MACARONS CHOCOLAT NOIR

🥄 40 分鐘　🕐 15 分鐘　📊 30 分鐘　🧊 2 日

40 顆馬卡龍

馬卡龍餅殼

- 見 42 頁
- 植物性橘色食用色粉
- 苦甜可可粉

甘那許

- 百香果 6 顆（果汁 150 克）
- 可可脂含量 60% 的黑巧克力 300 克

特定用具

- 網篩・煮糖溫度計・馬卡龍烤墊
- 裝有 10 號圓口花嘴的擠花袋

馬卡龍餅殼：1. 依照 42 頁指示製作馬卡龍餅殼，在蛋白霜中加入少許橘色食用色粉。**2.** 用擠花袋擠出馬卡龍麵糊後，用撒粉器撒上少許可可粉。

甘那許：3. 將百香果切半。用湯匙將果肉挖出，過濾果肉，取得果汁。**4.** 將黑巧克力連同百香果汁隔水加熱至融化。**5.** 保存在常溫下。

組裝：6. 為一半的餅殼填餡：用裝有 10 號花嘴的擠花袋在餅殼上擠出甘那許小球。**7.** 蓋上另一半的餅殼，同時注意大小的搭配。

薑香檸檬馬卡龍
MACARONS CITRON-GINGEMBRE

🥄 40 分鐘　⏱ 15 分鐘　▱ 30 分鐘　🔲 2 日

40 顆馬卡龍

馬卡龍餅殼

- 見 42 頁
- 植物性綠色食用色粉

薑香檸檬乃油醬 LA CRÈME CITRON-GINGEMBRE

- 青檸檬汁 100 毫升 • 水 50 毫升 • 金砂糖 170 克
- 玉米澱粉 70 克 • 新鮮生薑 30 克
- 植物性人造奶油 10 克

特定用具

- 網篩 • 煮糖溫度計 • 馬卡龍烤墊
- 裝有 10 號圓口花嘴的擠花袋

馬卡龍餅殼：1. 依照 42 頁指示製作馬卡龍餅殼，在蛋白霜中加入少許綠色食用色粉。

薑香檸檬乃油醬：2. 在平底深鍋中，將檸檬汁、水、糖、玉米澱粉和刨碎的生薑煮至濃稠。**3.** 離火，加入人造奶油。**4.** 冷藏保存至乃油醬冷卻。**5.** 將乃油醬攪打後再使用。

組裝：6. 為一半的餅殼填餡：用裝有 10 號花嘴的擠花袋在餅殼上擠出乃油醬小球。**7.** 蓋上另一半的餅殼，同時注意大小的搭配。

胡椒草莓馬卡龍
MACARONS CHOCOLAT NOIR

🥄 40 分鐘　⏰ 15 分鐘　🍳 30 分鐘　🧊 2 日

40顆馬卡龍

馬卡龍餅殼

• 見 42 頁 • 植物性紅色食用色粉

甘那許

• 植物性鮮奶油 50 毫升 • 綠胡椒（POIVRE VERT）1/4 小匙
• 白巧克力 200 克 • 草莓泥 100 克

特定用具

• 網篩 • 煮糖溫度計 • 橡皮刮刀 • 馬卡龍烤墊
• 裝有花嘴的擠花袋 2 個 • 裝有 10 號圓口花嘴的擠花袋

馬卡龍餅殼：1. 依照 42 頁指示製作馬卡龍餅殼。**2.** 將馬卡龍麵糊分成兩份。在其中一份麵糊中加入少量紅色食用色粉。用橡皮刮刀拌勻。另一半的麵糊保留原味。**3.** 將馬卡龍填入 2 個裝有花嘴的擠花袋中。將擠花袋的末端剪下，接著插上有 10 號的圓口花嘴。如常擠出馬卡龍麵糊。

甘那許：4. 植物性鮮奶油連同磨至極細的綠胡椒一起倒入平底深鍋。加入白巧克力，隔水加熱至融化。**5.** 離火，加入草莓泥。**6.** 保存在常溫下。

組裝：7. 為一半的餅殼填餡：用裝有 10 號花嘴的擠花袋在餅殼上擠出甘那許小球。**8.** 蓋上另一半的餅殼，同時注意大小的搭配。

抹茶馬卡龍
MACARONS AU MATCHA

🥄 40 分鐘　🕐 15 分鐘　📄 30 分鐘　🗄 2 日

40顆馬卡龍

馬卡龍餅殼

• 見 42 頁 • 植物性綠色食用色粉

甘那許

• 白巧克力 200 克 • 植物性鮮奶油 100 毫升 • 抹茶 10 克

烘烤後的餅殼裝飾

• 植物性綠色食用色粉

特定用具

• 網篩 • 煮糖溫度計 • 馬卡龍烤墊
• 裝有 10 號圓口花嘴的擠花袋 • 烘焙刷

馬卡龍餅殼：1. 依照 42 頁指示製作餅殼，在蛋白霜中加入少許綠色食用色粉。

甘那許：2. 將白巧克力連同植物性鮮奶油一起隔水加熱至融化。**3.** 離火，加入抹茶。**4.** 保存在常溫下。

組裝：5. 為一半的餅殼填餡：用裝有 10 號花嘴的擠花袋在餅殼上擠出甘那許小球。**6.** 蓋上另一半的餅殼，同時注意大小的搭配。**7.** 在碗中用少量的水攪拌綠色食用色粉。**8.** 用烘焙刷沾取色素，用紙巾稍微將水分吸乾，為餅殼進行裝飾。

椰子馬卡龍
MACARONS À LA NOIX DE COCO

🥄 40 分鐘　🕐 15 分鐘　📟 30 分鐘　🧊 2 日

40 顆馬卡龍

馬卡龍餅殼

• 見 42 頁

• 椰子絲

甘那許

• 白巧克力 200 克 • 植物性鮮奶油 100 毫升
• 椰子絲 60 克

特定用具

• 網篩 • 煮糖溫度計 • 馬卡龍烤墊
• 裝有 10 號圓口花嘴的擠花袋

馬卡龍餅殼：1. 依照 42 頁指示製作馬卡龍餅殼。**2.** 用擠花袋擠出馬卡龍麵糊後，撒上椰子絲，接著入烤箱烘烤。

甘那許：3. 將白巧克力連同植物性鮮奶油一起隔水加熱至融化。離火，加入椰子絲。**5.** 保存在常溫下。

組裝：6. 為一半的餅殼填餡：用裝有 10 號花嘴的擠花袋在餅殼上擠出甘那許小球。**7.** 蓋上另一半的餅殼，同時注意大小的搭配。

開心果馬卡龍
MACARONS À LA PISTACHE

🥄 40 分鐘　⏱ 1 小時 15 分鐘　🍰 30 分鐘　🧊 2 日

40顆馬卡龍

馬卡龍餅殼

- 見 42 頁
- 植物性綠色食用色粉
- 碎開心果

開心果乃油醬 LA CRÈME PISTACHE

- 植物性人造奶油 160 克 • 糖粉 130 克
- 開心果粉 80 克 • 開心果醬 80 克

特定用具

- 網篩
- 煮糖溫度計 •
- 馬卡龍烤墊
- 裝有 10 號圓口花嘴的擠花袋

馬卡龍餅殼：1. 依照 42 頁指示製作馬卡龍餅殼，在蛋白霜中加入少許綠色食用色粉。**2.** 用擠花袋擠出馬卡龍麵糊後，撒上碎開心果，接著入烤箱烘烤。

開心果奶油醬：3. 在電動攪拌機的攪拌缸中，用「打蛋器」的配件攪拌軟化的人造奶油和糖粉。應形成乳霜狀的混合物。**4.** 加入開心果粉和開心果醬。**5.** 冷藏保存約 1 小時，讓乃油醬硬化。

組裝：6. 為一半的餅殼填餡：用裝有 10 號花嘴的擠花袋在餅殼上擠出乃油醬小球。**7.** 蓋上另一半的餅殼，同時注意大小的搭配。

百香果馬卡龍

MACARONS AU FRUIT DE LA PASSION

🥣 40 分鐘　🕐 15 分鐘　〰 30 分鐘　🗄 2 日

40 顆馬卡龍

馬卡龍餅殼

- 見 42 頁
- 植物性橘色食用色粉

甘那許

- 白巧克力 200 克
- 百香果泥 130 克

- - - - - - - - - - - - -

特定用具

- 網篩 • 煮糖溫度計 • 馬卡龍烤墊
- 裝有 10 號圓口花嘴的擠花袋

馬卡龍餅殼：1. 依照 42 頁指示製作馬卡龍餅殼，在蛋白霜中加入少許橘色食用色粉。

甘那許：2. 將白巧克力隔水加熱至融化。**3.** 離火，加入百香果泥。**4.** 冷藏保存。

組裝：5. 為一半的餅殼填餡：用裝有 10 號花嘴的擠花袋在餅殼上擠出甘那許小球。**6.** 蓋上另一半的餅殼，同時注意大小的搭配。

香草馬卡龍
MACARONS À LA VANILLE

🥄 40 分鐘　🕐 15 分鐘　📄 30 分鐘　📱 2 日

40顆馬卡龍

馬卡龍餅殼

- 見 42 頁
- 香草籽幾顆

開心果乃油醬

- 白巧克力 200 克
- 植物性鮮奶油 100 毫升
- 香草莢 1 根

特定用具

- **網篩 • 煮糖溫度計 • 馬卡龍烤墊**
- **裝有 10 號圓口花嘴的擠花袋**

馬卡龍餅殼：1. 依照 42 頁指示製作馬卡龍餅殼，在蛋白霜中加入香草籽。

開心果奶油醬：2. 將白巧克力連同植物性鮮奶油一起隔水加熱至融化。**3.** 用刀將香草莢剖開成兩半。刮取內部，以收集香草籽，加入巧克力和鮮奶油的混料中。**4.** 冷藏保存。

組裝：5. 為一半的餅殼填餡：用裝有 10 號花嘴的擠花袋在餅殼上擠出甘那許小球。**6.** 蓋上另一半的餅殼，同時注意大小的搭配。

巧克榛果馬卡龍
MACARONS CHOCO-NOISETTE

🥄 40 分鐘　⏱ 15 分鐘　📉 30 分鐘　🗄 2 日

40顆馬卡龍

馬卡龍餅殼

• 見 42 頁

• 無糖可可粉 2 大匙

• 果仁糖粒（PRALIN EN GRAINS）

甘那許

• 黑巧克力 150 克 • 植物性鮮奶油 100 毫升

• 榛果粉 90 克

特定用具

• 網篩 • 煮糖溫度計 • 馬卡龍烤墊
• 裝有 10 號圓口花嘴的擠花袋

馬卡龍餅殼：1. 依照 42 頁指示製作馬卡龍餅殼，在杏仁粉和糖粉的混料中中加入過篩的可可粉。**2.** 用擠花袋擠出馬卡龍麵糊後，撒上果仁糖，接著入烤箱烘烤。

甘那許：3. 將黑巧克力連同植物性鮮奶油一起隔水加熱至融化。**4.** 離火，加入榛果泥。**5.** 保存在常溫下。

組裝：6. 為一半的餅殼填餡：用裝有 10 號花嘴的擠花袋在餅殼上擠出甘那許小球。**7.** 蓋上另一半的餅殼，同時注意大小的搭配。

黑芝麻馬卡龍

MACARONS AU SÉSAME NOIR

🥣 40 分鐘　　⏱ 15 分鐘　　🍳 30 分鐘　　🧊 2 日

40 顆馬卡龍

馬卡龍餅殼

- 見 42 頁
- 食用炭粉 1 小匙
- 白芝麻

甘那許

- 白巧克力 200 克
- 植物性液態鮮奶油 100 毫升
- 黑芝麻醬（CRÈME DE SÉSAME NOIR）1 大匙

・・・・・・・・・・

特定用具

- **網篩**
- **煮糖溫度計**
- **馬卡龍烤墊**
- **裝有 10 號圓口花嘴的擠花袋**

馬卡龍餅殼
....

1. 依照 42 頁指示製作馬卡龍餅殼，在杏仁粉和糖粉的混料中加入過篩的炭粉。

2. 用擠花袋擠出馬卡龍麵糊後，撒上芝麻，接著入烤箱烘烤。

甘那許
....

3. 將白巧克力連同植物性鮮奶油一起隔水加熱至融化。

4. 離火，加入黑芝麻醬。

5. 保存在常溫下。

組裝
....

6. 為一半的餅殼填餡：用裝有 10 號花嘴的擠花袋在餅殼上擠出甘那許小球。

7. 蓋上另一半的餅殼，同時注意大小的搭配。

餅乾與茶點
LES BISCUITS ET
MIGNARDISES

熔岩黑巧克力旦糕
COULANTS AU **CHOCOLAT NOIR**

🥄 15 分鐘　📖 10 至 15 分鐘

4個熔岩旦糕

巧克力甘那許 **LA GANACHE AU CHOCOLAT**

- 黑巧克力 100 克
- 植物性鮮奶油 100 毫升

麵糊 **L'APPAREIL**

- 可可脂含量 60% 的黑巧克力 115 克・葵花油 30 克
- 蘋果果漬 80 克・金砂糖 40 克
- 玉米澱粉 60 克・鹽之花 1 撮

特定用具

瑪芬模 MOULE À MUFFINS

巧克力甘那許

1. 將黑巧克力連同植物性鮮奶油一起隔水加熱至融化。
2. 移至沙拉碗，在製作熔岩旦糕麵糊期間冷藏保存。

麵糊

3. 將黑巧克力隔水加熱至融化，加入油。
4. 將融化巧克力倒入容器中，加入蘋果果漬、糖、玉米澱粉和鹽之花。
5. 在小旦糕模中倒入巧克力等備料至 1/3 滿，在中央擺上巧克力甘那許，接著再蓋上巧克力等備料。
6. 入烤箱以 180℃烤 10 至 15 分鐘。
7. 放涼後再脫模。

巧克力脆皮瑪德蓮旦糕
MADELEINES SUR COQUE EN CHOCOLAT

有「少女的酥胸」之稱的瑪德蓮旦糕是洛林地區的傳統小糕點,透過熱衝擊的烘烤技術製作而成,帶有淡淡的檸檬味。

 20 分鐘　　1 個晚上　　25 分鐘

30個瑪德蓮旦糕

瑪德蓮旦糕
- T45(低筋)麵粉 200 克
- 泡打粉 11 克
- 關華豆膠 1 撮
- 原味大豆優格 200 克
- 金砂糖 150 克
- 植物奶 20 毫升
- 葵花油 150 克
- 有機檸檬皮 1 顆
- 小蘇打粉 1/4 小匙
- 植物性人造奶油

巧克力脆皮 LES COQUES EN CHOCOLAT
- 黑巧克力 300 克

特定用具
- **矽膠瑪德蓮旦糕模**
- **烘焙刷**

巧克力脆皮瑪德蓮旦糕

巧克力脆皮瑪德蓮旦糕

瑪德蓮旦糕 LES MADELEINES

1. 在容器中放入麵粉、泡打粉和關華豆膠。

2. 加入優格和糖，用打蛋器拌勻，加入植物奶。

3. 逐量混入油，接著是檸檬皮，應攪拌至形成平滑的料糊。

4. 將料糊裝在沙拉碗中，以保鮮膜封起，冷藏保存一整晚。

5. 隔天，加入小蘇打粉。

6. 為瑪德蓮旦糕模刷上植物性人造奶油，填入料糊至 3/4 滿，冷藏靜置 10 分鐘。

7. 入烤箱以 240℃烤 4 分鐘，接著將溫度調低至 180℃，繼續再烤 21 分鐘。

8. 在瑪德蓮旦糕冷卻前脫模。

巧克力脆皮

9. 將黑巧克力隔水加熱至融化。

10. 用烘焙刷為瑪德蓮旦糕模的每個孔洞刷上融化的巧克力。

11. 再擺上瑪德蓮旦糕，輕輕按壓。

12. 冷藏保存 1 小時，讓巧克力脆皮變硬。

13. 輕輕脫模。

巧克榛果微笑餅乾
BISCUIT SOURIRE CHOCO-NOISETTE

 20 分鐘　 30 分鐘　 10 至 15 分鐘

15 塊餅乾

巧克榛果甘那許 LA GANACHE CHOCO-NOISETTE

- 植物性鮮奶油 200 毫升
- 可可脂含量 60% 的黑巧克力 200 克
- 榛果泥 100 克

香草酥餅 LE SABLÉ VANILLE

- 蔗糖 100 克
- 杏仁粉 200 克
- T55（中筋）麵粉 100 克
- 馬鈴薯澱粉 100 克
- 植物性人造奶油 160 克
- 香草精 1 大匙

特定用具

- 擀麵棍
- 直徑 7 公分的鋸齒形壓模
- 直徑 12 公釐的壓模
- 裝有 8 號圓口花嘴的擠花袋

巧克榛果微笑餅乾

巧克榛果甘那許

1. 在平底深鍋中將植物性鮮奶油煮沸。

2. 這段時間，在容器中將巧克力弄碎成塊。

3. 將熱的鮮奶油倒入巧克力中，用刮刀拌勻。加入榛果泥。

4. 保存在常溫下，甘那許應稍微變硬。

香草酥餅

5. 在容器中放入所有的乾料，拌勻。

6. 加入軟化的人造奶油和香草精，用刮刀或手拌勻。

7. 將麵糊揉成團狀，用保鮮膜包起，冷藏保存至少 30 分鐘。

8. 將麵團夾在兩張烤盤紙之間，用擀麵棍擀至 2 公釐的厚度。

9. 用直徑 7 公分的壓模裁成 30 片圓形餅皮，擺在鋪有烤盤紙的烤盤上。用直徑 12 公釐的壓模在 15 片圓形餅皮中裁出眼睛，用刀畫出大大的笑容。

10. 入烤箱以 180℃烤 10 至 15 分鐘。

組裝

11. 將甘那許填入裝有 8 號圓口花嘴的擠花袋。

12. 在 15 片完整的圓形餅皮上擠出一個甘那許圓花飾，接著將造型餅皮擺在甘那許上。

13. 輕輕按壓，讓甘那許從眼睛和嘴巴中溢出。

杏仁費南雪
FINANCIERS AUX AMANDES

 20 分鐘 　 20 至 25 分鐘

15 個費南雪

- 植物性優格 200 克
- 糖粉 170 克
- 葵花油 60 克
- T45（低筋）麵粉 100 克
- 杏仁粉 120 克
- 細鹽 1 撮
- 泡打粉 5 克
- 植物性人造奶油
- 杏仁片

特定用具

費南雪模（MOULE À FINANCIERS）

1. 在容器中攪打優格和糖。
2. 加入油、麵粉、杏仁粉、鹽和泡打粉，應攪拌至形成平滑的麵糊。
3. 為費南雪旦糕模刷上植物性人造奶油，倒入麵糊，撒上杏仁片。
4. 入烤箱以 180℃烤 20 至 25 分鐘，費南雪應形成漂亮的金黃色。

抹茶覆盆子費南雪
FINANCIERS AU THÉ MATCHA **ET FRAMBOISES**

🥄 20 分鐘　　🍞 20 至 25 分鐘

---

20 個費南雪

- 植物性優格 200 克
- 糖粉 170 克
- 葵花油 60 克
- T45（低筋）麵粉 100 克
- 杏仁粉 120 克
- 抹茶 3 克
- 細鹽 1 撮
- 泡打粉 5 克
- 植物性人造奶油
- 新鮮覆盆子 30 顆

特定用具

費南雪模

---

1. 在容器中攪打優格和糖。
2. 加入油、麵粉、杏仁粉、抹茶、鹽和泡打粉，應攪拌至形成平滑的麵糊。
3. 為費南雪模刷上植物性人造奶油，倒入麵糊，插上覆盆子。
4. 入烤箱以 200℃烤 20 至 25 分鐘。

香草舒芙蕾
SOUFFLÉS À LA VANILLE

🥣 30 分鐘　⏱ 1 小時　📊 30 分鐘

4 人份

- 香草卡士達乃油醬（見 54 頁）
- 植物性人造奶油 25 克
- 金砂糖 50 克
- 濃縮鷹嘴豆汁 120 克
- 糖粉 40 克 + 撒在表面用糖粉
- 塔塔粉 2 克

特定用具

• 煮糖溫度計 • 烘焙刷 • 烤盅 4 個

1. 依照 54 頁指示製作卡士達乃油醬，冷藏保存至乃油醬達 25℃。

2. 用烘焙刷為 4 個烤盅刷上融化的人造奶油，撒上金砂糖，將烤盅朝各個方向轉動，讓糖均勻散開。將烤盅倒置，以去除多餘的糖，冷藏保存。

3. 為電動攪拌機裝上「打蛋器」的配件，將攪拌缸中的鷹嘴豆汁打發。攪打至質地結實後，加入糖粉和塔塔粉。

4. 將蛋白霜混入卡士達乃油醬：用打蛋器用力攪拌 1/3 的蛋白霜和乃油醬，將備料攪拌至均勻，接著輕輕混入剩餘的蛋白霜。

5. 將備料倒入烤盅，入烤箱以 190℃烤 30 分鐘。

6. 出爐後，為舒芙蕾撒上糖粉，立即享用。

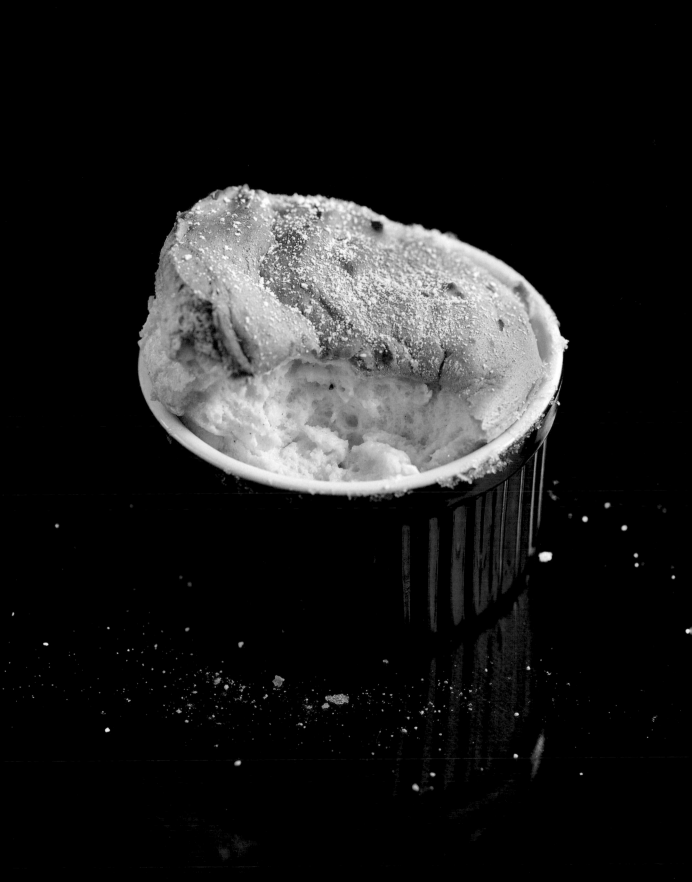

波爾多可麗露
CANNELÉS **BORDELAIS**

 20 分鐘　 24 小時　 1 小時

20 個可麗露

- 香草莢 1 根
- 植物奶 500 毫升
- 嫩豆腐 100 克
- 金砂糖 250 克
- 馬鈴薯澱粉 2 大匙
- T45（低筋）麵粉 100 克
- 去皮杏仁泥 2 小匙
- 棕色蘭姆酒 100 毫升
- 葵花油 50 克

特定用具

- 可麗露模（MOULE À CANNELÉS）

1. 用刀將香草莢剖開成兩半，刮取內部，以收集香草籽。
2. 在平底深鍋中將植物奶、香草莢和香草籽煮沸。
3. 趁這段期間，在容器中用打蛋器攪拌嫩豆腐、糖、馬鈴薯澱粉、麵粉和杏仁泥。
4. 緩緩倒入煮沸的植物奶，麵糊應像可麗餅麵糊般具流動性且平滑。
5. 加入蘭姆酒，以密閉容器冷藏保存 24 小時。
6. 為可麗露模刷上油，填入麵糊至 3/4 滿。
7. 入烤箱以 200℃烘烤 1 小時。

維也納麵包
LES VIENNOISERIES

可頌
CROISSANTS

· ·

以三角形千層發酵派皮製成的可頌是法國麵包中不容錯過的特色產品，可輕鬆品嚐。

🥄 45 分鐘　🕐 3 小時 30 分鐘　📄 15 至 20 分鐘

┌─────────────────┐
│ **16** 個可頌 │
└─────────────────┘

· 千層發酵派皮（見 32 頁）· 植物奶 100 毫升
· 金砂糖 100 克

· · · · · · · · · · · · · ·

特定用具

· 擀麵棍 · 烘焙刷

派皮：**1.** 依照 32 頁指示製作千層發酵派皮。**2.** 為工作檯撒上麵粉，接著用擀麵棍將派皮擀至形成 60×40 公分的派皮。**3.** 將這長方形從長邊切半，接著再從寬邊切半。將形成的 4 個長方形派皮從長邊切半。**4.** 將形成的每個長方形派皮從對角線斜切成 2 個三角形。

整形：**5.** 輕輕將三角形派皮再擀長 1.5 公分至 2 公分。**6.** 用刀在三角形派皮的底部劃出 2 公分的切口。**7.** 用拇指將三角形派皮從兩端朝尖端捲起。**8.** 將可頌擺在鋪有烤盤紙的烤盤上，保持一定間距。**9.** 在常溫（25℃）下發酵 2 小時。**10.** 攪拌植物奶和糖，接著用烘焙刷為可頌刷上這混料以形成光澤。11. 入烤箱以 200℃烤 15 至 20 分鐘。

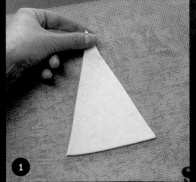

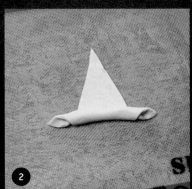

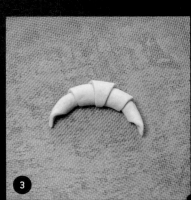

杏仁隔夜可頌
CROISSANTS DU LENDEMAIN AUX AMANDES

🥣 30 分鐘　📄 10 至 15 分鐘

12個可頌

糖漿

• 水 250 毫升 • 蔗糖 100 克
• 蘭姆酒 3 大匙（非必要）

杏仁乃油醬

• 見 63 頁

可頌

• 隔夜可頌 12 個 • 杏仁片 150 克 • 糖粉

特定用具

烘焙刷

糖漿：**1.** 在平底深鍋中將水和糖煮沸。**2.** 離火，可加入蘭姆酒。

杏仁乃油醬：**3.** 依照 63 頁的指示製作杏仁乃油醬，冷藏保存。

可頌：**4.** 將可頌從長邊切半，但不要完全切開。用烘焙刷刷上大量糖漿。**5.** 在每個可頌內鋪上 2 大匙的杏仁乃油醬。**6.** 將可頌擺在鋪有烤盤紙的烤盤上。**7.** 在每個可頌上再鋪上 1 大匙的杏仁乃油醬，接著撒上杏仁片。**8.** 入烤箱以 180℃烤 10 至 15 分鐘。**9.** 品嚐前撒上糖粉。

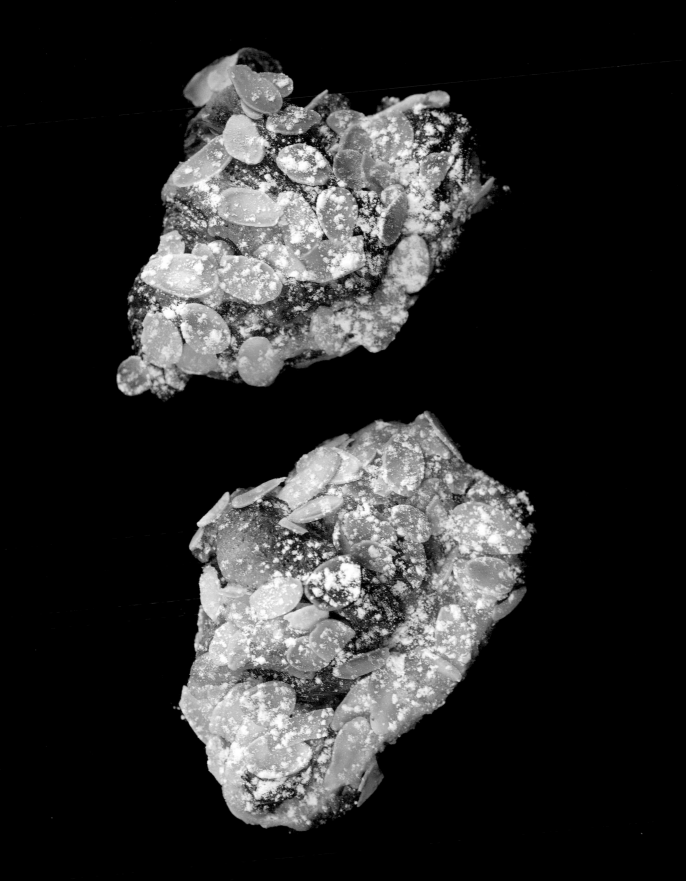

巧克力麵包
PAINS AU CHOCOLAT

既酥脆又柔軟的巧克力麵包（pain au chocolat 或 chocolatine）是 100 % 美味的維也納麵包，非常適合早餐享用。

 45 分鐘　　3 小時 30 分鐘　　15 至 20 分鐘

巧克力麵包 16 個

• 千層發酵派皮（見 32 頁）• 巧克力條 32 根
• 植物奶 100 毫升 • 金砂糖 100 克

特定用具

• 擀麵棍 • 烘焙刷

派皮

1. 依照 32 頁指示製作千層發酵派皮。
2. 為工作檯撒上麵粉，接著用擀麵棍將派皮擀至形成 60 × 40 公分的派皮。
3. 將這長方形派皮從長邊切半，接著再從寬邊切半。
4. 將形成的每個長方形派皮從長邊切半，接著再從寬邊切半。

整形

5. 每片長方形派皮使用 2 根巧克力條。先包入第一根巧克力條，將巧克力麵包捲起。擺上第二根巧克力條，接著將派皮捲到底。
6. 將派皮末端塞至巧克力麵包下，稍微壓平，以免派皮在烘烤期間攤開。
7. 將巧克力麵包擺在鋪有烤盤紙的烤盤上，保持一定間距。
8. 在常溫（25℃）下發酵 2 小時。
9. 攪拌植物奶和糖，接著用烘焙刷為巧克力麵包刷上這混料以形成光澤。
10. 入烤箱以 200℃ 烤 15 至 20 分鐘。

肉桂千層布里歐
BRIOCHES FEUILLETÉES À LA CANNELLE

 45 分鐘 4 小時 30 分鐘  15 分鐘

7個布里歐

布里歐麵團

- 見 46 頁
- 硬質植物性人造奶油 150 克

配料

- 融化的植物性人造奶油 100 克
- 蔗糖 150 克
- 肉桂粉

植物性蛋液

- 植物奶 100 毫升
- 金砂糖 100 克

糖漿

- 水 25 毫升
- 金砂糖 25 克

特定用具

擀麵棍
烘焙刷
直徑 7 公分的壓模

221

肉桂千層布里歐

●●●●●●●●●●●●●

千層布里歐麵團 LA PÂTE À BRIOCHE FEUILLETÉE

●●●●●●●●●●●●●●●●●●●●●●●●●●●●●

1. 依照 46 頁指示製作布里歐麵團。

2. 用擀麵棍擀至形成 3 至 4 公釐厚的長方形。

3. 用擀麵棍將人造奶油敲軟，將奶油擺在長方形麵皮的中央。

4. 將麵皮從側邊折起，將人造奶油包起。用擀麵棍輕輕按壓，將麵皮粘合。

5. 將麵團沿著長邊擀開，應形成約 0.5 公分厚的長方形麵皮，長度相當於 2 個擀麵棍。

6. 將長方形麵皮的左邊折起 1/4，接著將右邊折起 3/4，整個對折，你剛完成一次雙折，冷藏保存 5 分鐘。

7. 再度將麵皮沿著長邊擀開。應形成約 1 公分厚的長方形麵皮，長度相當於 1.5 個擀麵棍。

8. 將麵皮折成 3 折，你剛完成一次單折。

9. 用保鮮膜包起，冷藏保存 30 分鐘。

整形

●●●●●

10. 用擀麵棍將麵皮擀至形成厚 4 公釐的長方形。

11. 用烘焙刷為長方形麵皮刷上融化的人造奶油。

12. 撒上糖粉和肉桂粉。

13. 將麵皮捲起，形成長條，將兩端切去。

14. 用鋸齒刀切出 7 個長約 5 公分的布里歐。

15. 讓布里歐在直徑 7 公分的壓模中，在常溫（25℃）下發酵 2 小時。

16. 攪拌植物奶和糖，接著用烘焙刷為布里歐刷上這混料以形成光澤。

17. 入烤箱以 180℃烤 15 分鐘。

18. 在烘烤布里歐期間製作糖漿：將水和糖煮沸，離火後預留備用。

19. 出爐後，用烘焙刷為布里歐刷上糖漿。

葡萄麵包
PAINS AUX RAISINS

葡萄麵包是美味的螺旋形麵包，由千層發酵派皮所組成，再搭配香草卡士達乃油醬和柔軟的葡萄乾。

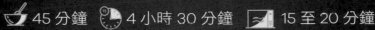 45 分鐘　 4 小時 30 分鐘　15 至 20 分鐘

葡萄麵包16個

千層發酵派皮

• 見 32 頁

配料

• 卡士達乃油醬（見 62 頁，1/4 公升的乃油醬）

• 以溫水浸泡的葡萄乾 200 克

植物性蛋液

• 植物奶 100 毫升

• 金砂糖 100 克

特定用具

• 擀麵棍 • 烘焙刷

葡萄麵包

派皮

1. 依照 32 頁指示製作千層發酵派皮。

2. 為工作檯撒上麵粉，接著用擀麵棍將派皮擀至形成 60×40 公分的派皮。

配料

3. 用烘焙刷沾水濕潤派皮的寬邊 2 公分處，這條濕潤的麵皮邊緣將用於黏合。

4. 為派皮鋪上卡士達乃油醬，接著撒上預先瀝乾的葡萄乾。

整形

5. 從濕潤麵皮的對邊開始，將麵皮緊密捲起。應捲成長條狀。輕輕按壓，用濕潤的麵皮邊緣黏合。

6. 用鋸齒刀修整兩邊。接著切成 16 個葡萄麵包：將長條切半，接著將每半條再切半，以此類推，直到形成想要的數量。

7. 將葡萄麵包擺在鋪有烤盤紙的烤盤上，保持一定間距。

8. 在常溫（25℃）下發酵 2 小時。

9. 攪拌植物奶和糖，接著用烘焙刷為葡萄麵包刷上這混料以形成光澤。

10. 入烤箱以 200℃ 烤 15 至 20 分鐘。

蘋果修頌
CHAUSSONS AUX POMMES

以半圓形千層派皮製成的蘋果修頌以自製的香草蘋果果漬為內餡，是理想的豪華早餐。

45 分鐘　　2 小時　　20 分鐘

12個蘋果修頌

千層派皮
- 見 30 頁

香草蘋果果漬 LA COMPOTE POMMES-VANILLE
- 金冠蘋果 6 顆
- 水 50 毫升
- 金砂糖 100 克
- 1 根香草莢的籽
- 人造奶油

植物性蛋液
- 植物奶 100 毫升
- 金砂糖 100 克

糖漿
- 水 25 毫升
- 金砂糖 25 克

特定用具
- **擀麵棍**
- **修頌模**
- **烘焙刷**
- **蘋果修頌壓模**

蘋果修頌

千層派皮

1. 依照 30 頁指示製作千層派皮。

香草蘋果果漬

2. 為蘋果削皮，挖去果核，切成小塊。
3. 在平底深鍋中，將人造奶油加熱至融化，將蘋果塊煎至呈現金黃色。
4. 加入水、糖和香草籽。以小火煮 15 分鐘。
5. 用叉子將蘋果塊約略壓碎。

蘋果修頌

6. 為工作檯撒上麵粉，用擀麵棍將千層派皮擀開。
7. 裁成厚 3 至 5 公釐的長方形派皮。
8. 用修頌模裁成圓形派皮。
9. 用擀麵棍稍微擀壓中央，這可將派皮拉長。
10. 將果漬擺在圓形派皮中央。
11. 用烘焙刷沾水濕潤派皮邊緣。將修頌折起，將邊緣密合，同時注意不要讓果漬溢出。
12. 包上保鮮膜，冷藏保存 30 分鐘。
13. 攪拌植物奶和糖，接著用烘焙刷為蘋果修頌刷上這混料以形成光澤。
14. 在表面劃出條紋，並用刀戳洞。
15. 入烤箱以 200℃ 烤 20 分鐘。

糖漿

16. 在烘烤修頌期間製作糖漿：在平底深鍋中將水和糖煮沸。離火後預留備用。
17. 出爐後，為蘋果修頌刷上糖漿。

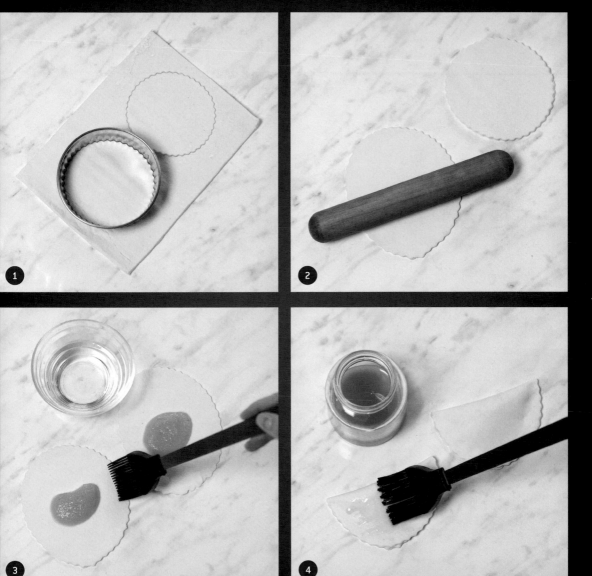

南特與巴黎布里歐
BRIOCHES NANTERRE ET PARISIENNE

🥄 1 小時　🕐 3 小時 15 分鐘　📄 15 至 20 分鐘

| **2 個布里歐** |

- 布里歐麵團（見 46 頁）• 植物性人造奶油
- 植物奶 100 毫升 • 金砂糖 100 克

特定用具

- 長方形旦糕模 • 烘焙刷 • 巴黎布里歐模

布里歐麵團：1. 依照 46 頁指示製作布里歐麵團。

南特布里歐：2. 用刀切成 8 塊 30 克的麵團。**3.** 在工作檯上撒上麵粉，揉成 8 顆球。**4.** 在預先刷上植物性人造奶油的長方形旦糕模中交錯排列。**5.** 在常溫（25℃）下發酵 1 小時 30 分鐘。**6.** 攪拌植物奶和糖，接著用烘焙刷為布里歐刷上這混料以形成光澤。**7.** 入烤箱以 200℃烤 15 至 20 分鐘。布里歐應烤成漂亮的金黃色。

巴黎布里歐：8. 將剩餘的麵團分成兩塊，一塊 85 克，另一塊 165 克。**9.** 在工作檯上撒上麵粉，揉成 2 顆球。**10.** 重新將 85 克的麵球揉成錐形。這將是布里歐的頂端。**11.** 為 165 克的麵球進行整形：為雙手撒上麵粉，並用 3 根手指在麵球中央做記號。周圍的厚度應一致。用手指在麵團上戳洞，用雙手轉動麵團，揉成圓環狀。**12.** 將圓環形麵團放入預先刷上植物性人造奶油的巴黎布里歐模中。**13.** 將錐形麵團尖細的部分插入圓環麵團中。用撒上麵粉的手指，將布里歐頂端插入圓環中，向下按壓至模具底部周圍。**14.** 在常溫（25℃）下發酵 1 小時 30 分鐘。**15.** 為布里歐刷上植物奶和糖的混料，以形成光澤。**16.** 入烤箱以 200℃烤 15 至 20 分鐘。

瑞士布里歐
BRIOCHES *SUISSES*

瑞士布里歐，或稱巧克力豆布里歐（Pépito），是具有香草卡士達乃油醬內餡和黑巧克力豆的美味布里歐，是真正的享受！

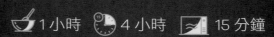 1 小時　　4 小時　　15 分鐘

8個布里歐

卡士達乃油醬

• 見 54 頁

布里歐麵團

• 見 46 頁

配料

• 巧克力豆

植物性蛋液

• 植物奶 100 毫升

• 金砂糖 100 克

糖漿

• 水 25 毫升

• 金砂糖 25 克

特定用具

• 擀麵棍

• 烘焙刷

瑞士布里歐

卡士達乃油醬 LA CRÈME PÂTISSIÈRE

1. 依照 54 頁指示製作卡士達乃油醬。冷藏保存。

布里歐 LA BRIOCHE

2. 依照 46 頁指示製作布里歐麵團。

3. 在撒有麵粉的工作檯上，用擀麵棍將麵團擀開。

4. 擀至形成厚 5 公釐的長方形。冷凍保存 10 分鐘。

5. 將卡士達乃油醬從冰箱中取出，用打蛋器攪拌至平滑。

6. 用刮刀將卡士達乃油醬鋪在長方形布里歐麵皮的下半部。

7. 撒上巧克力豆。

8. 將麵皮朝餡料折起，用手壓平，以排除可能產生的氣泡。

9. 將長方形麵皮裁至 3 至 4 公分寬。

10. 將布里歐擺在鋪有烤盤紙的烤盤上，記得保持一定間距。

11. 在常溫（25℃）下發酵 1 小時。

12. 攪拌植物奶和糖，接著用烘焙刷為布里歐刷上這混料以形成光澤。

13. 入烤箱以 180℃烤 15 分鐘。

糖漿

14. 在烘烤布里歐期間製作糖漿：將水和糖煮沸，離火後預留備用。

15. 出爐後，用烘焙刷為布里歐刷上糖漿。

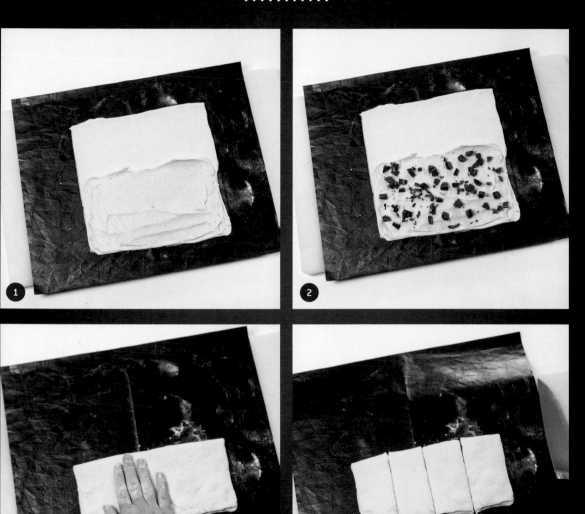

維也納麵包
PAINS VIENNOIS

🥄 30 分鐘　⏱ 4 小時　📏 15 至 20 分鐘

2個維也納麵包

維也納麵包麵團 **LA PÂTE À PAIN VIENNOIS**

• T45（低筋）麵粉 250 克 • 麵包酵母 8 克 • 鹽 5 克
• 金砂糖 35 克 • 黑巧克力豆 100 克
• 植物奶 150 毫升 • 人造奶油 50 克

植物性蛋液

• 植物奶 25 毫升 • 金砂糖 25 克

特定用具

• 法棍麵包模（GOUTTIÈRE À BAGUETTE）
• 烘焙刷

維也納麵包麵團：**1.** 在電動攪拌機的攪拌缸中放入麵粉。在碗的一側將酵母弄碎（不應接觸到糖或鹽）。**2.** 從碗的另一側加入鹽、糖和巧克力豆。**3.** 倒入植物奶和常溫的融化人造奶油。**4.** 裝上「揉麵鉤」的配件，以中速攪拌麵團約 10 分鐘。應攪拌至麵團不會沾黏攪拌缸。**5.** 揉麵完成時，將麵團從揉麵鉤上取下。將麵團揉成球狀，擺在沙拉碗裡。加蓋，在常溫下靜置發酵 1 小時 30 分鐘。麵團的體積應膨脹為兩倍。**6.** 用掌心按壓麵團，進行排氣。**7.** 揉成團狀。用保鮮膜包起，冷藏保存 1 小時。

整形：**8.** 在撒有麵粉的工作檯上，用手將麵團縱向壓開。向內折起，形成棍狀。再次重複同樣的步驟。**9.** 放入法棍麵包模，在常溫（25℃）下發酵 1 小時 30 分鐘。**10.** 攪拌植物奶和糖，接著用烘焙刷為麵包刷上這混料以形成光澤。**11.** 用小刀在麵包上劃出條紋。**12.** 入烤箱以 180℃烤 15 至 20 分鐘。

杏桃果瓣酥
OREILLONS AUX ABRICOTS

杏桃果瓣酥在迷你杏桃千層酥中加入卡士達乃油醬內餡，是帶有夏季甜香的維也納麵包。如果無法使用當季的杏桃，在使用罐裝杏桃時，請仔細瀝乾，以免千層派皮變得濕軟。

 50 分鐘　🕐 2 小時 30 分鐘　📄 20 分鐘

6個杏桃果瓣酥

千層派皮

• 見 30 頁（使用 250 克的麵粉）

擺盤

• 卡士達乃油醬（見 54 頁）• 同樣大小的杏桃 9 塊
• 碎開心果 50 克

植物性蛋液

• 植物奶 25 毫升 • 金砂糖 25 克

特定用具

• **擀麵棍**
• **烘焙刷**

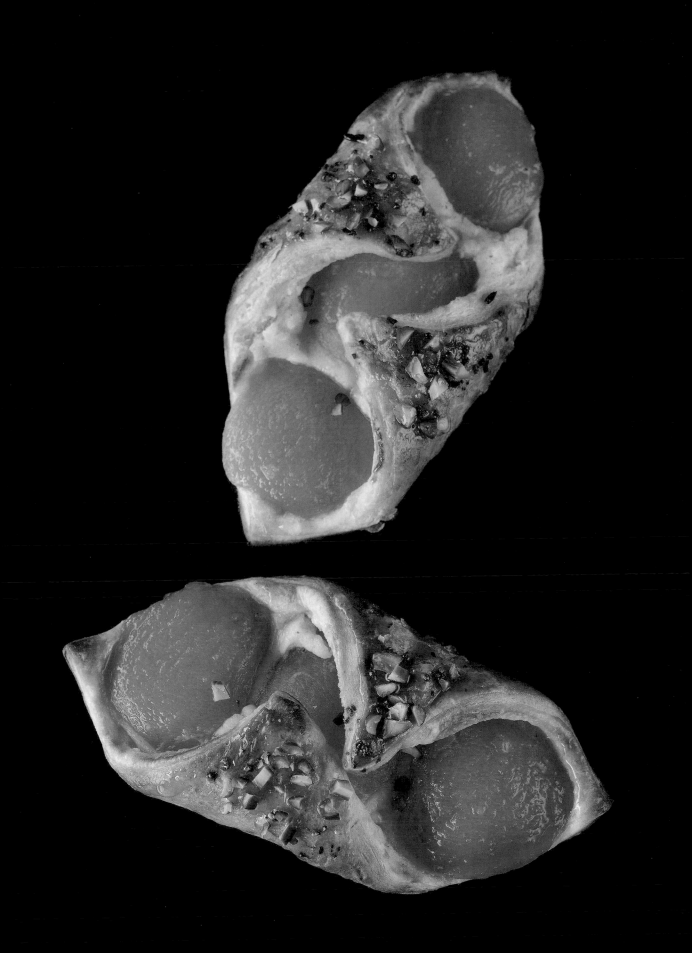

杏桃果瓣酥

千層派皮 LA PÂTE FEUILLETÉE

1. 依照 30 頁指示製作千層派皮。
2. 用擀麵棍擀至 3 至 4 公釐的厚度。
3. 裁成約 10 × 7 公分的長方形。

卡士達乃油醬

4. 依照 54 頁指示製作乃油醬。

整形

5. 清洗杏桃,將杏桃從長邊切半。
6. 在每片長方形千層派皮上,擺上滿滿 1 大匙的卡士達乃油醬。
7. 在對角線放上 3 塊杏桃果瓣。
8. 將派皮兩端朝中央的杏桃折起。
9. 攪拌植物奶和糖,接著用烘焙刷為杏桃果瓣酥刷上這混料以形成光澤。
10. 在每個杏桃果瓣桃中央擺上碎開心果。
11. 入烤箱以 180℃烤 20 分鐘。

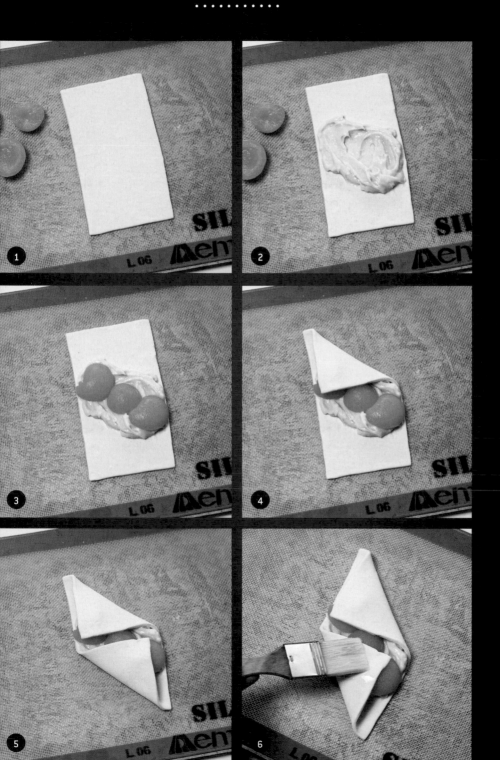

243

維也納麵包

蝴蝶酥

PALMIERS

蝴蝶酥

千層派皮

1. 依照 30 頁指示製作千層派皮。

2. 在進行完第一次的單折和雙折後，用部分的糖取代工作檯上的麵粉，繼續進行後續的折疊。

3. 冷藏保存 15 分鐘。

整形

4. 用擀麵棍將派皮和剩餘的糖擀至約 20×90 公分的長方形。

5. 將派皮的兩端朝中央折起，直到形成相連的兩個長條。

6. 切成厚 1 公分的薄片。

7. 將蝴蝶酥擺在鋪有烤盤紙的烤盤上，保持一定間距。

8. 入烤箱以 200℃烤 15 至 20 分鐘。

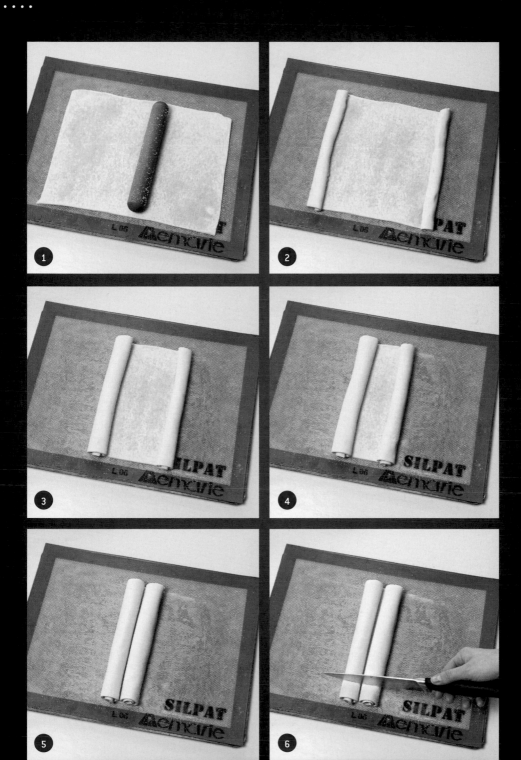

致謝

....

我要感謝海灘出版社（éditions La Plage），更確切地説是要感謝勞倫斯（Laurence），感謝他對我有信心並賦予我這個絕佳機會。我還必須感謝克萊蒙汀（Clémentine）一絲不苟的校對工作。

感謝蘿拉（Laura）出色的攝影作品，完美地襯托出本書中的糕點，令我非常佩服，你擁有驚人的天賦！感謝塞巴斯蒂安·卡迪納爾（Sébastien Kardinal）為步驟圖提供了貼心的協助。

感謝我的父母和家人從第一天起就相信我並支持我。

感謝許多親切的人持續支持我並鼓勵我走得更遠，你們的付出會被看見！

最後感謝我敬愛的官方測試人員：Cédric、Geoffrey、Sofia、Vanessa、Cindy、Margaux、Thomas （兩位）、Arthur、Marion、Gaëtan、Marine、Quentin、Julien、Romain 等人，感謝你們寶貴的友誼和堅定不移的鼓勵。

索引
INDEX

依字母順序排列的配方索引

依字母順序排列的配方索引
••••••••••••••••••••••

純 素 主 義 烘 焙 聖 經

89 道巴黎名店配方與步驟技巧教學，

無蛋奶全植物也能做出正統法式甜點

PÂTISSERIE **VEGAN**

國 家 圖 書 館 出 版 品 預 行 編 目 (CIP) 資 料

純素主義烘焙聖經：89 道巴黎名店配方與步驟技巧教學，
無蛋奶純植物也能做出正統法式甜點 / 貝雷尼絲．勒孔特
(Bérénice Leconte) 作；林惠敏翻譯 .-- 初版 .-- 臺北市：城邦
文化事業股份有限公司麥浩斯出版；英屬蓋曼群島商家庭傳
媒股份有限公司城邦分公司發行 , 2022.03
　面；　公分
譯自：Pâtisserie vegan
ISBN 978-986-408-795-2(平裝)

1.CST: 點心食譜 2.CST: 素食食譜

427.16　　　　　　　　　　　　　　111002844

作者	貝雷尼絲・勒孔特（BÉRÉNICE LECONTE）
影像構成	David Cosson - dazibaocom.com
攝影	Laura VeganPower
翻譯	林惠敏
責任編輯	謝惠怡
內文排版	唯翔工作室
封面設計	郭家振
行銷企劃	謝宜瑾
發行人	何飛鵬
事業群總經理	李淑霞
副社長	林佳育
圖書主編	葉承享
出版	城邦文化事業股份有限公司 麥浩斯出版
E-mail	cs@myhomelife.com.tw
地址	115 臺北市南港區昆陽街16號7樓
電話	02-2500-7578
發行	英屬蓋曼群島商家庭傳媒股份有限公司城邦分公司
地址	115 臺北市南港區昆陽街16號5樓
讀者服務專線	0800-020-299（09:30～12:00；13:30～17:00）
讀者服務傳真	02-2517-0999
讀者服務信箱	Email: csc@cite.com.tw
劃撥帳號	1983-3516
劃撥戶名	英屬蓋曼群島商家庭傳媒股份有限公司城邦分公司
香港發行	城邦（香港）出版集團有限公司
地址	香港灣仔駱克道193號東超商業中心1樓
電話	852-2508-6231
傳真	852-2578-9337
馬新發行	城邦（馬新）出版集團 Cite（M）Sdn. Bhd.
地址	41, Jalan Radin Anum, Bandar Baru Sri Petaling, 57000 Kuala Lumpur, Malaysia.
電話	603-90578822
傳真	603-90576622
總經銷	聯合發行股份有限公司
電話	02-29178022
傳真	02-29156275
製版印刷	凱林彩印股份有限公司
定價	新台幣650元／港幣217元

2024年6月初版2刷

ISBN	978-986-408-795-2

版權所有・翻印必究（缺頁或破損請寄回更換）